Jürgen Gaßebner

# FASZINATION OLDTIMER-FLUGZEUGE

Jürgen Gaßebner

# Faszination Oldtimer-Flugzeuge

Motor buch Verlag

Einbandgestaltung: Nicole Lechner unter Verwendung von Aufnahmen des Verfassers.

Bildnachweis: Jürgen Gaßebner (119), Uwe Glaser (1), Emil Röllin (4), Paul Stein (4)



ISBN 3-613-02143-9

1. Auflage 2001


Lektor: Hartmut Lange
Innengestaltung: Katharina Jüssen
Reproduktion: Repro GmbH, 86687 Kaisheim
Druck und Bindung: Fotolito LONGO, I-39100 Bozen
Printed in Italy

# DER AUTOR

***Jürgen Gaßebner***, Jahrgang 1962, kam nach dem Studium der Physik und Betriebswirtschaft sowie einer Ausbildung zum Datenbank-Organisator zur Motor-Presse Stuttgart, wo er volontierte und heute als Geschäftsführender Redakteur die Geschicke der Motorrad-Zeitschriften *PS – Das Sport-Motorrad Magazin* und *mopped* leitet. Als Fotograf und Autor arbeitet der gebürtige Stuttgarter im Actionbereich zudem auch für andere Magazine der Motor-Presse wie etwa die Luftfahrtzeitschriften *aerokurier*, *FLUG REVUE* oder das Oldtimer-Fachmagazin *MOTORRAD Classic*. Mit dem Flieger-Virus infiziert wurde der diplomierte Betriebswirt durch seinen Vater, einen ehemaligen Ju 88-Piloten.

**Autor, Fotograf, Oldtimer-Fan: Jürgen Gaßebner widmet sich seit Jahren mit Schreibzeug, Kamera und seiner Pützer Elster B journalistisch der Oldtimer-Fliegerei. Als Mitglied der Fliegergruppe Wolf Hirth e.V. übernimmt er zudem Aufgaben beim alle zwei Jahre stattfindenden »Oldtimer-Fliegertreffens« auf der Hahnweide am Fuße der Teck.**

Nach Jahren intensiver Modellfliegerei am Fuße der Teck folgten schließlich die Ausbildung zum Privatpiloten (PPL-A) sowie die CVFR-Berechtigung auf der Hahnweide und mit einer Pützer Elster B aus dem Jahr 1962 auch das ersehnte Oldtimer-Flugzeug. Seine Elster B nutzt Gaßebner der guten Langsamflugeigenschaften wegen für die Luftbild- und Air-to-Air-Fotografie. Als passionierter Oldtimer-Pilot ist Jürgen Gaßebner zudem Mitglied der *German Historic Flight e.V.*
Zudem schuf sich der Schwabe auch als Autor und Herausgeber zahlreicher Fachbücher und Kalender einen Namen. Mehr als 30 Titel zum Thema Motorrad sind bis dato von ihm erschienen, und mit *Die schönsten Ultraleicht-Flugzeuge* startete er 1997 beim Motorbuch Verlag die bekannte Luftfahrtreihe, in der bis heute *Die schönsten Oldtimer-Flugzeuge*, *Die schönsten Segelflugzeuge*, *Die schönsten Modellflugzeuge*, *Die schönsten Motorsegler* sowie *Warbirds – Militärflugzeuge in Farbe* erschienen sind. Überdies verlegt Gaßebner als Mitglied der *Fliegergruppe Wolf Hirth e.V.* Jahr für Jahr den in streng limitierter Auflage gedruckten Luftfahrt-Kalender *Hahnweide Classics* (via Tel./Fax 0 70 22/21 14-61/-67).
Für zahlreiche Action-Aufnahmen im Flug entwickelte der Schwabe zusammen mit dem Kohlefaser-Spezialbetrieb CFP Driesch im pfälzischen Neustadt an der Weinstraße zudem spezielle Flügel-, Rumpf- und Leitwerksstative. Dabei handelt es sich um extrem leichte Halterungen aus hochfestem Carbon-Laminat, mit denen sich das teure Kameragerät schnell und vor allem sicher an jedem beliebigen Flugzeug befestigen lässt.

# INHALT

MUSEUM
SPEYER

D-EBGI

D-EKUH

D-ESJK

HA-PAO

D-ELKF

## Vorwort

# FASZINATION OLDTIMER-FLIEGEN

Der Umgang mit historischen Transportgeräten liegt ganz im Trend. Seien es alte Lokomotiven, Automobile, Motorräder oder Flugzeuge – längst hat sich eine überaus agile Fangemeinde dem Betrieb und der Erhaltung der fahrenden oder fliegenden Oldies verschrieben. Zur Freude des Publikums, das in großen Scharen zu den Veteranen-Veranstaltungen sowie – im Falle der Luftfahrt – den Oldtimer-Fliegertreffen strömt.

Jahr für Jahr ziehen die Airshows und Flugtage Hunderttausende von Luftfahrt-Fans in ihren Bann. Eine Anziehung ganz besonderer Art üben dabei freilich die Oldtimer-Flugzeuge aus. Nicht selten handelt es sich bei den fliegenden Oldies sogar um Kostbarkeiten, von denen heute nur noch wenige flugfähige Exemplare existieren.
Als Autor, Fotograf und aktiver Oldtimer-Pilot hinter dem Steuerknüppel einer Pützer Elster B knüpfe ich mit diesem Buch nahtlos an meinen ersten Band zu diesem Thema, *Die schönsten Oldtimer-Flugzeuge*, an und stelle Ihnen, verehrte Leserinnen und Leser, auch diesmal wieder eine ausgewählte Reihe an historischen Fluggeräten vor.
In den folgenden Kapiteln werden insgesamt 20 Oldtimer-Flugzeuge in Wort und Bild präsentiert, die so mancher von Ihnen sicherlich schon ein Mal auf einem der zahlreichen Flugtage und Oldtimer-Treffen in Deutschland bewundern konnte.
Dabei reicht die Palette von bekannten Doppeldeckern vom Schlage einer Bücker 131 Jungmann oder einer Boeing Stearman bis hin zu luftfahrerischen Raritäten wie

einer DeHavilland D.H. 85 Leopard Moth oder gar einer Ryan PT-22A.
Außerdem finden sich mit den beiden Cessna-Typen 170 und 177 Cardinal auch Maschinen, die noch nicht so viele Jahre auf dem Buckel haben und vom Alter her erst an der Schwelle zum Oldtimer stehen. Unter Automobilisten würde man sie einfach als »Youngtimer« bezeichnen, doch sind sie mittlerweile zunehmend bei historischen Luftfahrt-Veranstaltungen anzutreffen.
Weitere »Brot- und Butter-Flugzeuge«, jedoch von höherem Alter, präsentieren sich in Form der Piper PA-18

Super Cub oder der Luscombe 8F. Beides Maschinen, die fast jeder Pilot nachhaltig mit der »Wiederauferstehung« der Fliegerei nach dem Zweiten Weltkrieg verbindet.
*Last but not least* finden sich mit der Pitts S-1S Special, der Diabolo und der Zlin 526 Trener auch drei reinrassige Kunstflugmaschinen, die heute als Gast bei zahlreichen Airshows kaum weg zu denken sind.
Bei meinen Recherchen aber auch bei der Fotografie stützte ich mich auch bei diesem Band in erster Linie wieder auf das weit über die deutschen Landesgrenzen hinaus bekannte Oldtimer-Fliegertreffen auf der Hahnweide in der Nähe von Stuttgart. Alle zwei Jahre trifft sich dort die *Crème de la Crème* der europäischen Oldtimer-Fliegerei und begeistert – traditionell am zweiten Wochenende im September – rund 50.000 Zuschauer. Etwa 240 Flugzeuge sind dort drei Tage lang nicht nur am Boden, sondern vor allem auch in der Luft zu bewundern.
Wie bereits beim Vorgängerband unterstützte mich auch diesmal wieder Hahnweide-Organisationschef Klaus Lässing mit Rat und Tat bei meinem Projekt. Eine herzliches Dankeschön deshalb vor allem an ihn, aber auch an die Piloten mit ihren Traum-Maschinen, die mit persönlichen Aufzeichnungen und Unterlagen entscheidend zum Gelingen dieses Buches beitrugen.

Viel Vergnügen bei diesem Streifzug durch die Oldtimer-Fliegerei wünscht Ihnen
Ihr
Jürgen Gaßebner

Stuttgart, im Juni 2001

AUSTER MK5

Auster Aircraft Mk. V

# LEICHTER AUFKLÄRER

Mit der Auster 5 schuf die britische *Taylorcraft Aeroplanes* einst ein leichtes Aufklärungs- und Beobachtungsflugzeug, das heute die Herzen der Oldtimer-Fans höher schlagen lässt.

Die Geschichte der Auster-Flugzeuge reicht bis in die Zeit vor dem Zweiten Weltkrieg zurück. Damals wurden bei der 1936 gegründeten *Taylorcraft Aviation Company* für die zivile Luftfahrt Leichtflugzeuge gefertigt, die später auch das Interesse des Militärs fanden. Zunächst jedoch gründete man 1938 eine Niederlassung im englischen Thurmaston in Leicestershire, wo die bis dato entwickelten Modelle B, C und D ebenfalls produziert werden sollten. Zu diesem Zweck ließen die Betreiber aus den USA je ein Modell des Typs A sowie B nach England schaffen. Dort begann kurz darauf eine Nachfertigung des A-Typs, der fortan als Auster C bezeichnet wurde. Die Typenbezeichnung C für den in Gemischtbauweise aufgebauten, abgestrebten Schulterdecker wählte man vor allem deshalb, um auf das neue, stärkere Triebwerk dieser Version aufmerksam zu machen.
Waren die ursprünglichen Varianten A und B nämlich noch mit eher schwächlichen Continental-Vierzylindern vom Typ A-40 und A-50 mit einer Leistung von 41 respektive 50 PS bestückt, verfügte die Auster C bereits über einen O-145-A2, der immerhin 56 PS leistete. Nach gerade einmal 23 fertig gestellten Einheiten dieses Typs wählten die Konstrukteure jedoch nochmals einen stärkeren Antrieb in Form des Cirrus Minor 1, womit das Modell Auster D entstand, von dem neun Exemplare hergestellt wurden.
Bei Ausbruch des Zweiten Weltkrieges konfiszierte die Royal Air Force 24 der insgesamt 32 gebauten Maschinen für ihre Zwecke, baute in die C-Typen durchweg die stärkeren D-Motoren ein und setzte die Maschinen fortan als Beobachtungs- und Verbindungsflugzeuge ein. Nachdem diese sich im Testeinsatz bewährt hatten, folgte ein Fertigungsauftrag der RAF über 100 weitere Maschinen, die mit Landeklappen versehen waren. Sie erhielten die Bezeichnung Auster 2.

**Auf und davon: Die Auster nach dem Start von der Piste 31 auf der Hahnweide. Die 132 PS sorgen für gutes Steigen.**

Von dieser in ihren Grundzügen während der gesamten Produktionszeit kaum veränderten Maschine entstanden insgesamt rund 1600 Exemplare, wobei vom Modell Auster 2 an ein 132 PS-Motor vom Typ Lycoming O-290 verwendet wurde, der die Flugleistungen der leer 499 Kilogramm leichten Maschine nochmals verbesserte. Lediglich die Auster 3 wurde mit einem ebenfalls 132 PS leistenden Gipsy-Major-Motor bestückt. Ab dem Modell Auster 4 verfügte das Flugzeug über drei anstatt zwei Sitzplätze. Bis auf die Blindflug-Instrumentierung glich die Auster 5 dem Modell 4 und wurde mit 780 gefertigten Exemplaren zur meistgebauten Version dieser Auster-Baureihe. Von der Mk I-Version wurden rund 100 Einheiten hergestellt, von der Mk II nur zwei, von der Mk III 467 und von der Mk IV schließlich 255 Exemplare. Nach Kriegsende, das die Auster 5 mit ihrem Fronteinsatz bei den alliierten Streitkräften als Aufklärungs- und Foto-Flugzeug zu beschleunigen half, stellte man die Weichen, um der Auster nicht nur beim Militär, sondern auch in der zivilen Luftfahrt einen Platz zu verschaffen. Die *Taylorcraft Aeroplanes* firmierte daraufhin in *Auster Aircraft Ltd.* um und begann, auf Basis der Auster 5 ein Nachfolgemodell zu bauen. Dies schuf *Auster Aircraft* in Form der A.O.P.6, die einen De Havilland-Gipsy-Major-7-Motor mit 147 PS besaß. Auch von diesem Typ gingen zahlreiche Exemplare an verschiedene Streitkräfte. Später wurde die Maschine in der zivilen Luftfahrt als Auster Mk. 6 beziehungsweise als Beagle Terrier bekannt, nachdem sich *Auster Aircraft*, *F.G. Miles* und *Lancashire Aircraft* zum britischen Konzern für die Entwicklung und Produktion von Sport- und Reiseflugzeugen, BEAGLE (*British Executive General Aviation Aircraft*), zusammenschlossen hatten.

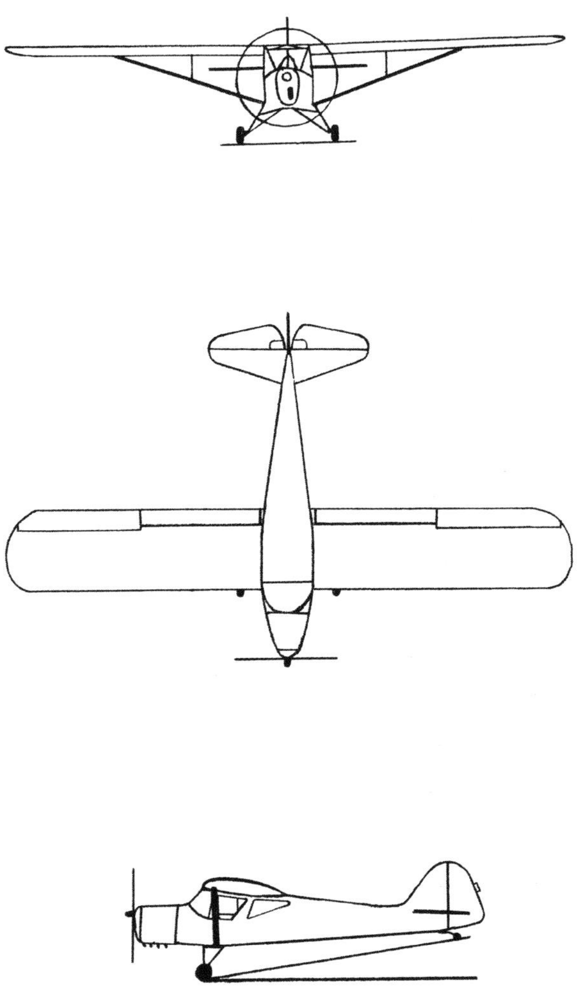

## Auster Aircraft Mk. V

| | |
|---|---|
| **Muster:** | Mk. V |
| **Hersteller:** | Auster Aircraft bzw. Taylorcraft Aeroplanes/GB |
| **Antrieb:** | Lycoming-Vierzylinder-Viertakt-Boxermotor, Typ O-290-3 |
| **Leistung:** | 97 kW (132 PS) (Startleistung) |
| **Besatzung:** | 3 Mann |
| **Spannweite:** | 10,97 m |
| **Länge:** | 6,83 m |
| **Höhe:** | 2,44 m |
| **Flügelfläche:** | 15,51 $m^2$ |
| **Rüstgewicht:** | 499 kg |
| **Zuladung:** | 340 kg |
| **Startgewicht:** | 839 kg |
| **Flächenbelastung:** | 54,09 $kg/m^2$ |
| **Höchstgeschwindigkeit:** | 208 km/h |
| **Landegeschwindigkeit:** | 80 km/h |
| **Steiggeschwindigkeit:** | 3,8 m/s |
| **Reichweite:** | 402 km |
| **Dienstgipfelhöhe:** | 5000 m |

Boeing Stearman

# AMERIKANISCHE LEGENDE

Mit der Stearman schuf Boeing einst den wohl bekanntesten amerikanischen Doppeldecker, der heutzutage auf Oldtimer-Flugtagen freilich nicht fehlen darf.

Die Konstruktion des Doppeldeckers Stearman basiert auf einem Entwurf, den der Firmengründer der 1927 ins Leben gerufenen *Stearman Aircraft Company*, Lloyd Stearman, bereits 1933 auf Anforderung des US Army Air Corps (USAAC) zeichnete. Ein Jahr später nahm Stearman mit dieser Maschine unter der Bezeichnung X-70 an einer USAAC-Ausschreibung teil und erhielt 1935 schließlich den Zuschlag von der US Navy für einen ersten Produktionsauftrag über 61 Maschinen des Typs »70«, der als Navy-Trainer »NS-1« für die Pilotenausbildung eingesetzt werden sollte. Voraussetzung für den Auftrag war jedoch, dass Stearman in die Maschinen die in größeren Stückzahlen auf Halde liegenden Sternmotoren vom Typ Wright J-5 beziehungsweise R-790-8 mit 225 PS Leistung einbauen sollte, um die Kosten für das Militär so gering wie möglich zu halten. 1936 orderte auch das USAAC 26 als so genannte *Preliminary Trainer* bezeichnete Stearman mit der Modellbezeichnung »75« und dem Werks-Kürzel PT-13, die ein 215 PS starker Lycoming R-680-5 antrieb. Im Jahr darauf bestellte das USAAC weitere 92 Einheiten des nun als PT-13 A bezeichneten Modells 75, das über einen 220 PS starken R-680-7 sowie eine verbesserte Instrumentierung verfügte.
1939 ging die *Stearman Aircraft Company* schließlich als *Wichita Division* in der *Boeing Airplane Company* auf. Der Zweite Weltkrieg bescherte Boeing eine enorme Nachfrage nach den für die Schulung so gut geeigneten Stearman-Doppeldeckern. Bekannt als Stearman 75 oder, wie in Kanada üblich *Kaydet*, setzte das Modell 75 von Boeing zu einem wahren Siegeszug an: Bis 1945 wurden mehr als 10.000 Exemplare gebaut. 1941 erhielt das USAAC weitere 255 Stearman – nun unter dem Kürzel PT-13 B –, die über einen R-680-11 verfügten. Im selben Jahr gelangten mit der PT-13 C sechs Maschinen zum USAAC, die zudem über eine Nacht- beziehungsweise Blindflug-Instrumentierung verfügten.
Wie bereits anhand der verschiedenen Modell-Varianten deutlich wird, wechselte die Motorisierung der Stearman sehr häufig. Neben den Wright- beziehungsweise

**Kraftvoll: Diese Boeing Stearman trägt unter ihrer Cowling einen 450 PS starken Antrieb und ist damit glatt doppelt so stark motorisiert wie die Ausgangsversion. Eine entsprechende Performance ist der Lohn.**

**Der Doppeldecker schlechthin? Zweifellos ist die Boeing Stearman einer der schönsten Doppeldecker überhaupt. Besonders schmuck präsentiert sich das Biplane in der Army-Lackierung mit blauem Rumpf und gelben Flächen.**

**Stern-Stunde: Völlig unverkleidet präsentiert sich der Siebenzylinder-Lycoming-Sternmotor dieser Stearman. Die leistungsstärkeren Triebwerke von Pratt & Whitney umschloss meist eine Cowling.**

Lycoming-Sternmotoren kamen von 1940 an auch Continental-Sternmotoren vom Typ R-670-5 mit einer Leistung von 220 PS zum Einsatz. In dieser Variante erhielt die Stearman die Bezeichnung PT-17. Allein von dieser Version produzierte Boeing mehr als 3500 Flugzeuge für den Ausbildungsbedarf.

Weitere Versionen der Stearman waren die Navy-Exemplare N2S-1 und N2S-2, die mit einem Continental-Triebwerk namens R-670-14 beziehungsweise Lycoming R-680-8 bestückt waren. Weitere Versionen folgten als N2S-3 und N2S-4, die beide über einen Continental R-670-4 verfügten.

Erst 1942 verständigten sich Army und Navy auf ein gemeinsames Modell, das aus der PT-17 A entwickelt wurde und die Bezeichnung PT-13 D beziehungsweise N2S-5 erhielt.

Die starke Nachfrage nach der Stearman führte in diesen Jahren aber auch zu anderen Motor-Varianten, wie etwa dem Jacobs R-755-7 mit 225 PS, der die Typenbezeich-

**Schulmeister: Die Boeing Stearman entwickelte sich seinerzeit rasch zu einem beliebten und auf breiter Front genutzten Flugzeug für die Grundschulung. Daher das Kürzel »PT« für »Preliminary Trainer«.**

**Smoker on: Mit weißen Rauchfahnen verabschieden sich diese beiden »Stearmänner« vom Hahnweide-Treffen. In den Auspuff eingespritztes Paraffin-Öl macht diesen Show-Effekt möglich.**

nung PT-18 A zur Folge hatte. In Form der PT-27 fand ein Stearman-Kontingent den Weg nach Kanada, wo sie zur Ausbildung der kanadischen Luftstreitkräfte herangezogen wurden.

Nach Ende des Zweiten Weltkrieges taten zwar viele Stearman weiter Dienst beim Militär, doch nach und nach wurden die nostalgischen Doppeldecker ausgemustert und in den privaten Nutzungsbereich, vor allem als Sprühflugzeuge in der Landwirtschaft, überführt.

Während die Stearman sich in ihrer ursprünglichen Version nur sehr bedingt für den Kunstflug eignete, wurden zahlreiche Muster von ihren Haltern dahingehend modifiziert und mit Doppel-Querrudern ausgestattet, die eine erheblich gesteigerte Roll-Rate und Agilität um die Längsachse ermöglichten. Zudem fanden in zahlreiche Stearman auch stärkere Motoren Eingang, wie etwa der 450 PS starke Pratt & Whitney, der dem ehedem etwas trägen Flugzeug zu stark verbesserten Flugleistungen verhalf. Auf dem Oldtimer-Fliegertreffen auf der Hahnweide waren in den vergangenen Jahren stets verschiedene Stearman-Varianten zu Gast und begeisterten das Publikum mit Formationsflügen.

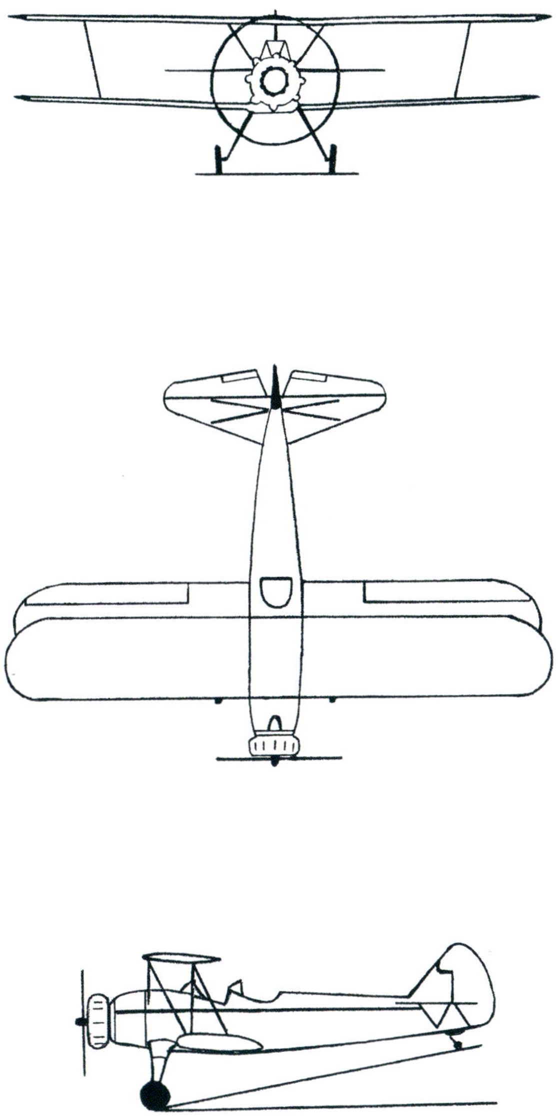

Da lacht das Herz des Oldtimer-Fans: Vier Boeing Stearman beim Start auf dem Oldtimer-Fliegertreffen auf der Hahnweide 1999. Schade, dass wir ihnen hierzu keinen Ton liefern können.

## Boeing Stearman

| | |
|---|---|
| **Muster:** | Stearman |
| **Hersteller:** | Boeing/USA |
| **Antrieb:** | Neunzylinder-Viertakt-Sternmotor vom Typ Pratt & Whitney R-985-A1 |
| **Leistung:** | 331 kW (450 PS) |
| **Besatzung:** | 2 Mann |
| **Spannweite:** | 10,25 m |
| **Länge:** | 8,20 m |
| **Höhe:** | 3,06 m |
| **Flügelfläche:** | 2 x 12,5 $m^2$ |
| **Rüstgewicht:** | 1150 kg |
| **Zuladung:** | 300 kg |
| **Startgewicht:** | 1450 kg |
| **Flächenbelastung:** | 116 $kg/m^2$ |
| **Höchstgeschwindigkeit:** | 246 km/h |
| **Landegeschwindigkeit:** | 90 km/h |
| **Steiggeschwindigkeit:** | 5 m/s |
| **Reichweite:** | 450 km |
| **Dienstgipfelhöhe:** | 6500 m |

## Bölkow BO 208 Junior

# KLEIN ABER FEIN

BÖLKOW Junior

Mit der BO 208 Junior schuf der deutsche Hersteller Bölkow Anfang der 60er-Jahre ein gleichermaßen modernes wie vielseitiges Leichtflugzeug in Metallbauweise. Die kleine Maschine eignete sich nicht nur für Schlepp- und Schulungsflüge, sondern war auch eingeschränkt kunstflugtauglich.

Bis 1963 setzte der deutsche Hersteller Bölkow mit der aus der Klemm KL 107 entwickelten BO 207 auf die traditionelle Holzbauweise. Erst in jenem Jahr wagte sich das Unternehmen endlich an die fortschrittlichere Metallbauweise. Es entstand die BO 208 Junior. Aufbauend auf einer Konstruktion des in den USA lebenden schwedischen Amateur-Flugzeugbauers Björn Andreasson entwickelten Ludwig Bölkow und seine Ingenieure aus der ursprünglich als Selbstbauflugzeug konzipierten Maschine eine Serien-Version, die insgesamt 210 Mal hergestellt wurde.
Entgegen der mit einem 75 PS starken Continental-Triebwerk ausgerüsteten Amateur-Version Andreassons erhielt die Bölkow-Maschine jedoch einen leistungsstärkeren Rolls-Royce O-200, der 100 PS lieferte und für deutlich bessere Flugleistungen mit einer maximalen Steigrate von 4 m/s sorgte. Ebenfalls geändert wurden gegenüber der ersten A-Baureihe auch die Tragflügel, die für die B- und C-Modelle in der Spannweite um 60 Zentimeter wuchsen und somit für gutmütigere Flugeigenschaften sorgten. Das dünne Profil, das gute Schnellflugeigenschaften aufwies, erlaubte mithin eine stattliche Reisegeschwindigkeit von 205 km/h und wurde deshalb auch als »Super-Profil« bezeichnet. Kehrseite dessen war allerdings die relativ hohe Landegeschwindigkeit. Deshalb änderten die Bölkow-Techniker die Flügelnase sowie die Gestaltung der Tragflächen im Wurzelbereich, was sich in wesentlich verbes-

**Erwachsener Junior: Die klein und kompakt konstruierte Bölkow 208 Junior besticht mit vielen Talenten. Sie ist schnell, reisetauglich, wirtschaftlich – und sogar eingeschränkt kunstflugtauglich. Was, bitte schön, will man mehr?**

serten Langsamflugeigenschaften und damit einer erhöhten Sicherheit gerade bei den privaten Nutzern auszahlte.
Beliebt wurde die leer 360 Kilogramm leichte BO 208 Junior vor allem bei Vereinen, die in der Maschine ein vollwertiges Allround-Flugzeug sahen. Neben Schlepp- und Schulungsflügen eignete sich die BO 208 überdies für leichten Kunstflug. Und die beachtliche Reisegeschwindigkeit, 800 Kilometer Reichweite sowie 240 Kilogramm Zuladung machte sie auch für kleinere Urlaubstrips beliebt.
Doch neben der privaten Nutzung kann die maximal 230 km/h schnelle BO 208 außerdem auf eine militärische Vergangenheit verweisen. Mit einer im schwedischen Malmö bei *Malmö Flug Industrie* aufgebauten *MFI-9* – einer Maschine, die jenem Exemplar entsprach, das Bölkow für seine Entwicklungen übernehmen konnte – führte der schwedische Baron von Rosen einen Kriegseinsatz in Afrika durch und stattete drei MFI-9 mit Bewaffnungen aus. Alle drei Flugzeuge kehrten seinerzeit unversehrt von ihren Einsätzen zurück. Ihre Piloten lobten vor allem die Wendigkeit des Schulterdeckers.
Die auf diesen Seiten abgebildete BO 208 »D-EGVE« mit der Werknummer 661 wurde 1967 gebaut und gehört heute dem Frankfurter Bernhard Schmitz und dem Babenhausener Olaf Meindl. Entgegen der ursprünglichen Auslegung erhielt die BO 208 einen Dreiblatt-Verstellpropeller von MT; außerdem baute man Cockpit und Mittelkonsole sowie die Funkgeräterahmen 1999/2000 neu auf und schloss ehemalige Antennenlöcher.
Nach einem Landeunfall wurde der Motor Anfang der 90er-Jahre ausgetauscht, jetzt arbeitet ein Conti mit Unterdruckpumpe für die Kreiselinstrumente anstelle des bisher verwendeten Rolls-Royce-Antriebs. Die Unterdruckpumpe ermöglichte bei dieser Umrüstung auch gleichzeitig das Entfernen des typischen Venturi-Rohres auf der rechten Rumpfseite.
Im Sommer 2000 unternahmen die Eigentümer eine große Rundreise durch Dänemark, Schweden und Norwegen mit Campingausrüstung und Klapprädern. 28 Flugstunden schrieb man dabei, 50 Mal landete die Maschine und 20 Diafilme wurden durch die Kamera gezogen. Ein eindrucksvoller Beweis dafür, dass die kleine Bölkow BO 208 Junior nicht nur für »Platzadler-Flüge«, sondern auch für eine Urlaubsreise taugt.

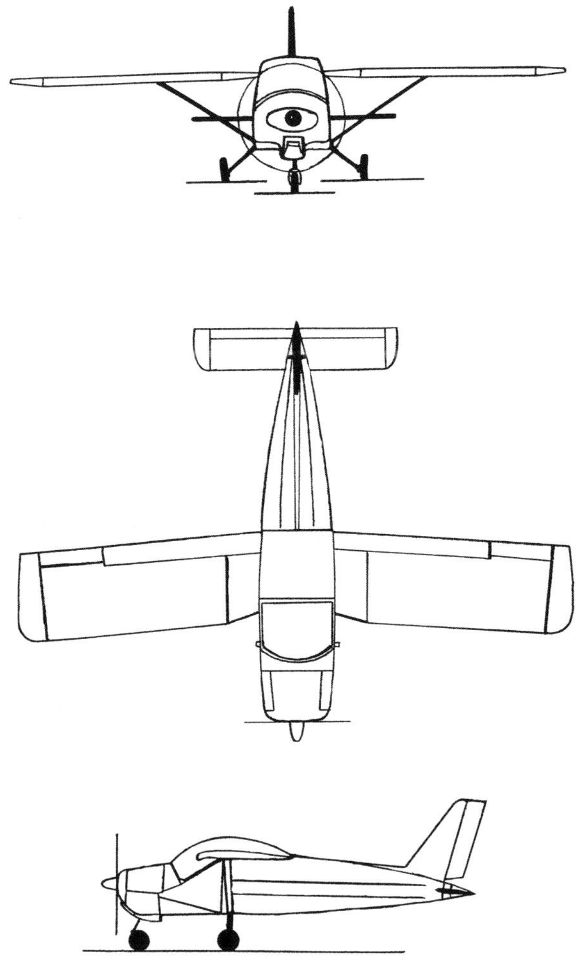

## Bölkow BO 208 Junior

| | |
|---|---|
| **Muster:** | BO 208 Junior |
| **Hersteller:** | Bölkow/D |
| **Antrieb:** | Continental A-75/O-200 |
| **Leistung:** | 55/74 kW (75/100 PS) |
| **Besatzung:** | 2 Mann |
| **Spannweite:** | 7,42/8,02 m |
| **Länge:** | 5,79 m |
| **Höhe:** | 1,98 m |
| **Flügelfläche:** | 8,65/9,37 $m^2$ |
| **Rüstgewicht:** | 360 kg |
| **Zuladung:** | 240 kg |
| **Startgewicht:** | 600 kg (BO 208 C: 630 kg) |
| **Flächenbelastung:** | 69,4/61,5 $kg/m^2$ |
| **Höchstgeschwindigkeit:** | 230 km/h |
| **Landegeschwindigkeit:** | 129 km/h |
| **Steiggeschwindigkeit:** | 4,0 m/s |
| **Reichweite:** | 600 km |
| **Dienstgipfelhöhe:** | 4300 m |

## Bücker 131 Jungmann

# DAUERBRENNER

D-EEGN

Eines der bekanntesten »Oldtimer-Flugzeuge« ist zweifellos der Bücker 131 »Jungmann«, der heute wie vor mehr als 60 Jahren mit exzellenten Flugeigenschaften aufwartet. Für viele Luftfahrt-Fans ist der »Jungmann« schlicht der Inbegriff des Doppeldeckers.

Nachdem Carl Clemens Bücker sich 1933 von den schwedischen Saab-Flugzeugwerken getrennt hatte und wieder nach Deutschland zurückgekehrt war, gründete er in Berlin-Johannistal die Bücker-Flugzeugwerke, die 1935 nach Rangsdorf übersiedelten. Der schwedische Bücker-Konstrukteur Anders Andersson entwickelte während dieser Zeit den Bücker 131 »Jungmann«, einen Doppeldecker, der durch seine vielen verschiedenen Talente glänzte.

Ihren Jungfernflug unternahm die Maschine am 27. April 1934 noch mit einem 80 PS-Hirth-Motor. Danach folgten vier Serien-Baureihen mit den Typenbezeichnungen A, B, C und D. Von der A-Version lieferte der Hersteller nicht nur zahlreiche Exemplare an die deutschen Flugschulen, sondern auch an die Luftwaffe. Die Bücker 131 B verfügte über einen verbesserten Hirth HM 504-A-2-Vierzylinder,

**Grüß Gott in Hilzingen: Gert Benders Bücker 131 (rechts) zusammen mit einem weiteren »Jungmann« in Hilzingen, ebenfalls einem bekannten Oldtimer-Treff im süddeutschen Raum.**

**Gut gerüstet: Das Cockpit der Bücker 131 »Jungmann« ist für die Belange des Sichtfluges ausgerüstet und komplett instrumentiert.**

wohingegen die Bücker 131 C ein Versuchsflugzeug darstellte, das mit einem 90 PS starken Cirrus-Minor-Reihenmotor ausgestattet war.
Aufgebaut war der »Jungmann« in traditioneller Gemischtbauweise mit einem Stahlrohrrumpf in Gitterbauweise, dessen Vorderteil mit Leichtmetall verkleidet und an den übrigen Partien mit Stoff bespannt war. Das Tragwerk entstand hingegen in konventioneller Holzbauweise; jeder der beiden Tragflügel besaß zwei Holme und Querruder. Die beiden leicht zurück gepfeilten und mit Stoff bespannten Flügel waren konstruktiv identisch ausgelegt, so dass Ober- und Unterflügel bei Bedarf sogar ausgetauscht werden konnten. Der Oberflügel war dreiteilig ausgelegt und verfügte über ein Mittelteil, das mit dem Rumpf verstrebt war. In Normalbauweise mit Stahlrohren entstanden hingegen Höhen- und Seitenleitwerk, die ebenfalls mit Stoff bespannt wurden. Außerdem verfügte der »Jungmann« über ein Spornradfahrwerk sowie mechanisch über Bowdenzüge betätigte Trommelbremsen an den beiden Hauptfahrwerks-Rädern.
Schnell erwarb sich der »Jungmann« als Schulungs- und Kunstflug-Maschine gleichermaßen einen hervorragenden Ruf, verfügte er doch über Doppelsteuerung für die beiden in Tandem-Anordnung hintereinander untergebrachten Piloten, sehr gute Flugeigenschaften und -leistungen sowie

**Schön, auch im Detail: Gert Benders Maschine präsentiert sich in makellosem Zustand. Dies gilt auch für die beiden kleinen Trommelbremsen der Hauptfahrwerksräder.**

**Der Mann mit dem Gold-Helm: Ex-Motorrad-Grand Prix-Pilot Gert Bender trägt auch im Cockpit seiner Bücker 131 »Jungmann« einen Helm. Hier startet er von der Piste 31 der Hahnweide beim Oldtimer-Treffen 1999.**

über ein für den ernsthaften Kunstflug unerlässliches Rückenflugsystem für die Öl- und Kraftstoffversorgung. Entsprechend schnell avancierte der »Jungmann« zum Export- und Lizenz-Schlager. Exportiert wurde in die Schweiz, wo man später ebenso wie in Spanien (CASA), Schweden (S-4) und der Tschechoslowakei (Tatra T-131) Lizenzbauten von diesem erfolgreichen Flugzeug produzierte. Sogar in Japan war der »Jungmann« ein Erfolg: Die Firmen Watanabe und Kyushu fertigten die Maschine in Lizenz als Typ 4 Primary Trainer unter der Bezeichnung Ki-86 »Cypress« für das japanische Heer sowie als K 9 W 1 »Momiji« für die japanische Marine. Japan war mit 1037 Exemplaren für das Heer und ungefähr 300 Einheiten für die Marine der größte Lizenz-Produzent. Weitere Lizenz-Exemplare bauten die tschechoslowakischen Aero-Werke unter den Kürzeln C-4, C-104 und Z-131 in den Jahren 1945 bis 1949.

Nach dem Zweiten Weltkrieg wurde die Bücker 131 als Schulungsflugzeug für die Grundausbildung und den

Kunstflug unter anderem in Polen, Ungarn, Rumänien und Bulgarien sowie der Tschechoslowakei, UdSSR, Frankreich, Schweiz und Schweden eingesetzt.
Heutzutage ist der »Jungmann« wieder *up-to-date*. Die Maschine gilt als unverzichtbarer Bestandteil jedes Oldtimer-Fliegertreffens. Häufig sind nicht nur in Deutschland zugelassene, sondern auch in der Schweiz beheimatete und traditionell in Gelb lackierte Bücker 131 Jungmann dort anzutreffen.
Sogar neue Exemplare rollen wieder aus den Werkhallen, allerdings nicht am ursprünglichen Firmensitz: Janusz Karasiewicz baut in Süd-Polen den 131 »Jungmann« und den 133 »Jungmeister« seit 1995 nach. Beim Bücker »Jungmann« wird dabei der moderne LOM-Vierzylinder-

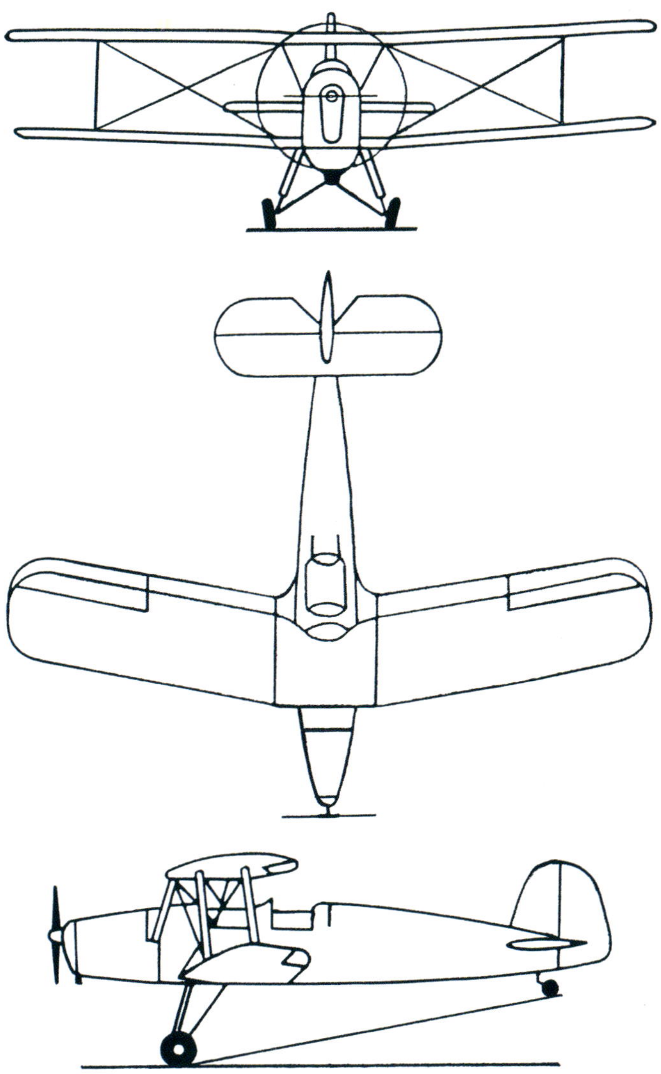

**Verstrebt, verspannt: Seine Festigkeit erhält die Struktur des Tragwerks des Bücker 131 »Jungmann« durch die beiden Stile sowie die traditionelle Verspannung.**

Reihenmotor verwendet, der dem Flugzeug sein charakteristisches Aussehen mit der hohen aber schlanken Cowling erhält.
Der neue Bücker entsteht auf Basis der originalen Pläne mit kleinen Zugeständnissen an die Verwendung moderner Materialien. So werden etwa die formgebende Nasenleiste sowie die Rumpfübergänge aus unverwüstlichem und formtreuem GFK gefertigt. Cleveland-Scheibenbremsen helfen im Ernstfall zuverlässiger zu verzögern und die Richtung zu halten als die Trommelbremsen des Originals. In puncto Bedienerfreundlichkeit wurden ebenfalls einige Verbesserungen eingebracht. Und die Bespannung besteht natürlich nicht mehr aus Baumwolle, sondern aus modernem Ceconite.
Die aktuelle Auftragslage und unverändert hohe Nachfrage lassen den Hersteller derzeit ans Expandieren denken. Ehrgeiziges Ziel war es, bis Frühjahr 2001 die Endmontage in die einstige Wiege der Bücker-Flugzeuge, Rangsdorf bei Berlin, zurückkehren zu lassen. Schwierigkeiten der Lokalpolitiker, die dem Druck einiger Flugplatzgegner offenbar nicht gewachsen waren, ließen den Plan jedoch bald wieder in den Schubladen verschwinden. Dennoch hat man in Brandenburg auf dem Flugplatz Schönhagen für die Endmontage ein schönes neues Zuhause gefunden. Die erste dort endmontierte Bücker soll bereits 2001 die Werkshallen verlassen.
Seit Jahren Gast auf der Hahnweide ist der ehemalige Motorrad-Grand-Prix-Rennfahrer Gert Bender mit seinem

**Top Schwyz: Diese Bücker 131 »Jungmann« trägt noch die Lackierung der schweizerischen Streitkräfte. Stationiert ist die Maschine im schwäbischen Heubach und leistet dort im Hangar der Pützer Elster B von Autor Jürgen Gaßebner Gesellschaft.**

**Alles neu macht bekanntlich der Mai, doch im Falle der Bücker 131 »Jungmann« ist es eine polnische Firma, die ihn mit einem LOM-Vierzylinder-Reihenmotor wieder auferstehen ließ.**

»Jungmann«, den er über viele Jahre hinweg – einschließlich des spanischen Tigre-Motors – selbst restauriert hat. Zum Abschluss eines jeden Oldtimer-Fliegertreffens auf der Hahnweide ist es für ihn guter Brauch, einen Reutlinger Trompeter im tiefen Überflug über den Platz zu fliegen, der die Veranstaltung im Bücker »Jungmann« dann musikalisch beendet.

## Bücker 131 Jungmann

| | |
|---|---|
| **Muster:** | Bü 131 »Jungmann« |
| **Hersteller:** | Bücker/D |
| **Antrieb:** | Vierzylinder-Viertakt-Reihenmotor vom Typ Tigre |
| **Leistung:** | 92 kW (125 PS) (Startleistung) |
| **Besatzung:** | 2 Mann |
| **Spannweite:** | 7,40 m |
| **Länge:** | 6,60 m |
| **Höhe:** | 2,25 m |
| **Flügelfläche:** | 13,50 $m^2$ |
| **Rüstgewicht:** | 390 kg |
| **Zuladung:** | 290 kg |
| **Startgewicht:** | 680 kg |
| **Flächenbelastung:** | 50,37 kg/$m^2$ |
| **Höchstgeschwindigkeit:** | 300 km/h (im Kunstflug) |
| **Landegeschwindigkeit:** | 82 km/h |
| **Steiggeschwindigkeit:** | 2,0 m/s |
| **Reichweite:** | 680 km |
| **Dienstgipfelhöhe:** | 4500 m |

## Cessna 170

# BASIS EINES WELT-ERFOLGS

Mit dem Modell 170 legte die Firma Cessna 1948 den Grundstein für die Modellfamilie des weltweit verbreiteten Typs 172, den jeder Pilot aus der Flugausbildung kennt. Er wurde zum meistverkauften Leichtflugzeug aller Zeiten.

Die Cessna 172 kennt jeder. Keine Angst, in diesem Kapitel sollen Sie keineswegs Flugerfahrungen langweilen, die sie sowieso schon selbst gemacht haben. Zweifellos von Interesse ist aber, wie es überhaupt zur Entwicklung der Cessna 172 – dem Übungsgerät oder »Dienst-Fahrrad« eines jeden Flugschülers – kam.

Diese Geschichte geht auf das Jahr 1947 zurück, als Cessna das Modell 170 entwickelte. Dabei handelte es sich um einen Kabinenhochdecker mit Rumpf und Leitwerk in Metallbauweise, einem noch zweistielig abgestrebten Flügel sowie einer Stoffbespannung, wie sie bereits das bekannte Modell 120 aufwies. Optisch und technisch lehnte sich die Konstruktion an das Modell 120 an, verfügte jedoch über vier anstatt wie bisher nur zwei Sitzplätze und hatte eine deutlich stärkere Motorisierung.

Die 170er wurde bei den Piloten rasch beliebt, besaß sie doch deutlich bessere Flugleistungen als das bisherige 120er-Modell. So zeigte sich die 170er gerade im Hinblick auf die Reisetauglichkeit deutlich verbessert. Vor allem war sie in der Lage, zwei weitere Passagiere und mehr Gepäck zu befördern.

Fünf Jahre später modifizierte Cessna die beliebte 170 nochmals und kam damit den Wünschen zahlreicher Piloten nach. So erhielt das Modell 170 B zwar wieder den 145 PS starken Continental-Sechszylinder vom Typ C-145-2, doch statteten sie die Ingenieure außerdem mit Fowler-Spaltklappen aus, wie sie erstmals beim Cessna-Modell 305 eingeführt worden waren.

Die 305 entwickelte das Unternehmen Ende der 40er-Jahre auf eine Ausschreibung der US Army hin. Gefordert wurde ein leichtes Aufklärungs- und Verbindungsflugzeug, und so entwarfen die Cessna-Ingenieure auf der Basis der 170 diesen Zweisitzer, von dem im Juni 1950 schließlich 418 Exemplare an die US Army geliefert wurden. Von der 170er unterschied sich die 305 durch eine geänderte Kabine, die den Beobachtern eine bessere Sicht nach hinten ermöglichte. Ein gläsernes Kabinendach erhielt die 305 aus diesem Grunde ebenfalls. Eine breitere Kabinentür gestattete zudem das Ein- und Ausladen einer Krankentrage. Ab Dezember 1950 begann bei Cessna die offizielle Serienfertigung dieses Typs, der unter der Bezeichnung »L-19 Bird Dog« weltberühmt wurde und besagte Fowlerklappen für die 170B beisteuerte.

**Vorreiter: Die Cessna 170 galt Ende der 40er-Jahre als überaus moderne und gleichsam robuste Konstruktion. Zahlreiche Cessna-Modelle lehnten sich an sie an.**

**Vergleichsweise ein Kurztrip: Für Emil Röllin dürfte ein Flug von der Schweiz zur Hahnweide wohl kaum mehr Aufregendes bieten. Immerhin überführte er seine 170er seinerzeit von Amerika über Grönland und Island nach Europa.**

Diese wirkungsvolle Auftriebshilfe verbesserte vor allem die Start- und Landeeigenschaften sowie generell das Langsamflugverhalten des Spornrad-Viersitzers so erheblich, dass Cessna in der Zukunft sämtliche ähnlich ausgelegten Neukonstruktionen mit diesem Fowlerklappensystem ausrüstete.

Im Jahr 1955 schließlich entwickelte Cessna auf der Basis der 170 die eingangs erwähnte 172, die neben kleinen Detailverbesserungen vor allem ein für den Piloten einfacher zu handhabendes Bugradfahrwerk besaß. Der durchschlagende Erfolg der neuen 172 spiegelte bereits im Produktionsjahr 1956 das eindeutige Votum der Piloten wider: Immerhin 1170 Exemplare der 172 brachte Cessna in diesem Jahr unters fliegende Volk, während der Hersteller von der 170 gerade Mal noch 72 Exemplare absetzen konnte. War dieses Votum seinerzeit eine logische Konsequenz der fortschreitenden Entwicklung der Leichtflugzeuge im Hinblick auf höheren Komfort und einfachere Handhabung im Flugbetrieb, so werden heute selbst die ältesten noch flugfähigen 172er nicht als Oldtimer akzeptiert.

**Das muss sein: Kräftige Bremsen benötigt die Cessna 170 als »Taildragger«, sprich Spornradflugzeug, sowohl bei der Landung als auch zum Rollen. Die Scheibenbremsen sind standfest.**

Ganz anders hingegen beim 170er-Modell. Diese Maschine ist heute ein gesuchter Klassiker, der das Spornrad-Feeling der frühen Nachkriegsjahre mit Komfort und Zuverlässigkeit vereint. Emil Röllin aus Freienwil in der Schweiz fliegt ein sehr schönes Exemplar der 170 B, das er nicht nur im privaten Betrieb bewegt, sondern mit dem er auch gerne das eine oder andere Oldtimer-Treffen besucht. Auf der Hahnweide war Emil Röllin im September 1999 zu Gast, wo er die spannende Geschichte über Herkunft, Kauf und Überführung seiner Maschine erzählte:

*»N170ER ist eine C 170 B und gehört mit der Seriennummer 27107 zu den letzten 100 von insgesamt 2900 zwischen 1952 und 1957 gebauten Maschinen. Das Ausgangsmuster, die C 170, wurde erstmals 1948 in einer Stückzahl von 714 Einheiten gebaut. Zwischen 1949 und 1951 wurden dann weitere 1522 C 170 A gefertigt.*

**Es war einmal: Die Cessna 170, als sie noch im kanadischen Edmonton stationiert war. Dort sah sie Emil Röllin das erste Mal.**

**Runde Sache: Leitwerke und Steuerflächen der Cessna 170 sind mit runden Enden gestaltet. Ein weithin verbreitetes Merkmal von Flugzeugen der damaligen Zeit.**

*Die N170ER wurde zunächst nach Kanada exportiert, wo sie bis 1987 blieb und rund 2400 Stunden in der Luft verbrachte und in der Umgebung von Edmonton stationiert war. 1987 wurde sie in den USA als N170ER registriert und von mir in rund 80 Flugstunden von Kanada über Grönland und Island in die Schweiz überführt.«*

Heute hat Emil Röllin seine Maschine in Beromünster im Kanton Luzern stationiert, und die Gesamtstundenzahl ist zwischenzeitlich auf 3850 angewachsen. *»Dabei fühlt sich N170ER im gesamten europäischen Luftraum zuhause, von internationalen Großflughäfen bis hin zu kleinen 'One-way'-Gebirgsflugfeldern in über 2000 Metern Höhe über dem Meeresspiegel«*, erzählt Emil Röllin weiter.

Cessna 170-Kenner Röllin stöberte für dieses Buch in seinem Fotoarchiv und förderte eine wunderbare Aufnahme von seinem Überführungsflug über Grönland zu Tage (siehe Aufmacherfoto nach dem Start in Kulusuk). Dort, an der Ostküste Grönlands, nahm er die längste offene Wasserstrecke von rund 750 Kilometern nach Island in Angriff, wo er nach 4,75 Stunden in Reykjavik landete. Weiterhin konnte er mit einem Bild der »HB-CAO« auch noch eine Rarität beisteuern. Die in der Schweiz zugelassene Maschine ist mit der Seriennummer 18720 und dem Baujahr 1948 die älteste in Europa fliegende Cessna 170.

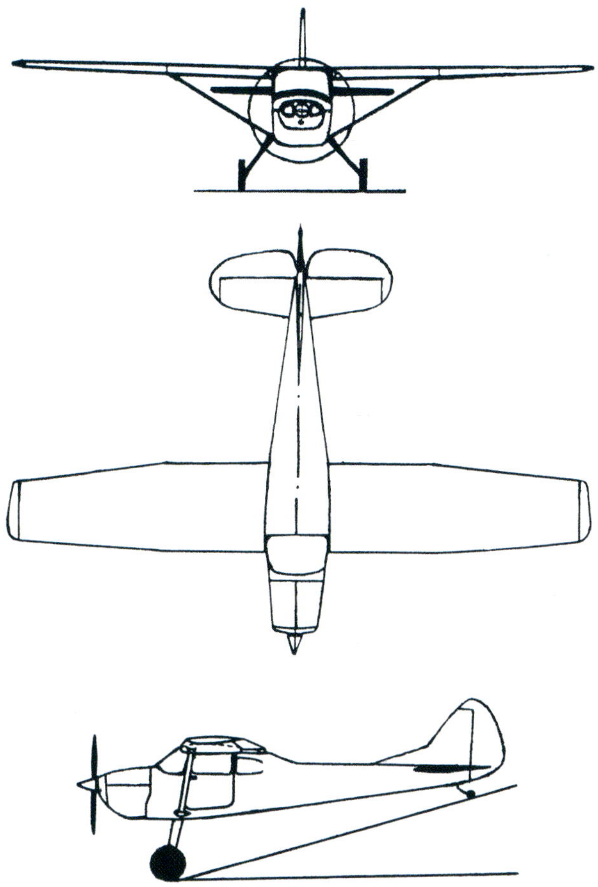

## Cessna 170

| | |
|---|---|
| **Muster:** | 170 |
| **Hersteller:** | Cessna/USA |
| **Antrieb:** | Sechszylinder-Viertakt-Boxermotor vom Typ Continental C-145-2 |
| **Leistung:** | 106 kW (145 PS) (Startleistung) |
| **Besatzung:** | 4 Mann |
| **Spannweite:** | 10,97 m |
| **Länge:** | 7,60 m |
| **Höhe:** | 2,00 m |
| **Flügelfläche:** | 16,16 $m^2$ |
| **Rüstgewicht:** | je nach Ausrüstung 550 - 600 kg |
| **Zuladung:** | 398 kg |
| **Startgewicht:** | 998 kg |
| **Flächenbelastung:** | 61,75 kg/$m^2$ |
| **Höchstgeschwindigkeit:** | 210 km/h |
| **Landegeschwindigkeit:** | 90 km/h |
| **Steiggeschwindigkeit:** | 3,5 m/s |
| **Reichweite:** | 1060 km |
| **Dienstgipfelhöhe:** | 4500 m |

**Rarität: Diese Maschine ist die älteste in Europa zugelassene Cessna 170. Charakteristisch für dieses Modell ist die noch zweistielige Verstrebung pro Flügelseite.**

VH-DSA

Cessna 177 Cardinal

# KLASSIKER VON MORGEN

Mit der Cessna 177 Cardinal leitete der amerikanische Hersteller 1967 ein vor allem optisch sehr attraktives Modell aus der bekannten Cessna-Familie ab. Es könnte schon bald ein gesuchter »Youngtimer« werden. Jürgen Gaßebner schloss in Australien mit einem Exemplar Freundschaft.

Für viele Cessna-Fans gilt die 177 Cardinal mit ihrem freitragenden Flügel nach wie vor als schönste Maschine der weltweit beliebten und verbreiteten Familie dieser Schulterdecker. Im Gegensatz zu ihren »Verwandten«, etwa der Cessna 172, verfügte sie mit der flacher anlaufenden Frontscheibe und den fehlenden Flügelstreben über ein weitaus dynamischeres und ästhetisch gelungeneres Erscheinungsbild. In der Luxusversion Cardinal erhielt das ursprünglich nur als 177 bezeichnete Modell zudem eine reichhaltigere Instrumentierung sowie eine Innenausstattung, die auch gehobenen Ansprüchen genügte. Versah man die Cessna 177 Cardinal zudem mit hinreichend großen Schiebefenstern an den Seitenscheiben, eignete sie sich wegen der fehlenden Flügelstreben zudem ausgezeichnet als Fotoflugzeug, wie ich im australischen Phillip Island, 130 Kilometer südlich von Melbourne gelegen, schon häufiger erleben durfte.

**Echter Youngtimer: Bereits heute ist die elegante Cessna 177 Cardinal ein gesuchtes Stück. Sie gilt als Klassiker von morgen.**

**Homeland von VH-DSA: Im australischen Phillip Island, 130 km südlich von Melbourne, ist diese Cessna 177 Cardinal stationiert. Diese Breiten sind für heftige Windstärken bekannt, und deshalb gibt Halter Sandy Reith mit ihr gerne so genannte »Crosswind ratings«. Auch der Autor konnte hiervon schon profitieren.**

Dort, auf der kleinen Pazifik-Insel Phillip Island betreibt Sandy Reith einen kleinen Flugplatz mit drei Gras- oder besser Steinpisten direkt am Meer. »*Vor allem japanische Gäste kommen von Melbourne aus mit kleineren Maschinen oft hierher zu Besuch, um entweder die Natur oder das Golfspiel zu genießen*«, verrät Sandy. Da Phillip Island über eine der schönsten Rennstrecken der Welt verfügt und dort Jahr für Jahr zwei Läufe zur Superbike-WM ausgefahren werden, nutzte ich den Platz und Sandy Reiths Cessna 177 dort öfters für beruflich oder auch mal privat motivierte Fotoflüge.

Obwohl ich als PPL-A-Inhaber bereits in der Schulung bestens mit dem Muster Cessna 172 vertraut bin, bedarf die Cessna 177 auch für mich eines Einweisungsfluges. »*Gerade hier auf Phillip Island hat sich schon so mancher Pilot über sein eigenes Können gewundert, denn weniger als 25 Knoten Wind haben wir hier sehr selten. Eher schon das Gegenteil, liegen wir doch dicht am 40 Breitengrad und damit genau in den 'roaring fourties'*«, wie Sandy Reith die Starkwind-Zone hier zwischen dem australischen Festland und Tasmanien nennt.

Heute, an einem Tag irgendwann im März 1999, führt unser gemeinsamer Flug mit der Cessna 177 Cardinal zu einem etwa 180 Kilometer entfernt liegenden Flugplatz im australischen *Outback*. Dorthin, wo sich üblicherweise Fuchs und Hase, pardon, Koala und Känguru »Gute Nacht!«, sagen. Sandy und ich bringen zwei Rennmechaniker, die drei Tage auf Phillip Island verbracht haben, zurück an ihren Wohnort. Vollbeladen ist die 177, und mit 160 PS verfügt sie zudem über eine der

**Ein Mann für alle Fälle: Sandy Reith betreibt den Flugplatz auf der kleinen Insel Phillip Island und führt mit seiner Cessna 177 Flüge ins Outback oder das benachbarte Tasmanien durch. Fantastische Cessna 177-Erlebnisse sind garantiert – nicht nur für Flieger.**

schwächsten jemals verbauten Motorisierungen. *»Die 180 PS-Version geht schon etwas besser. Zudem verfügt jene über einen Verstellpropeller und diese hier nur über einen starren«*, verrät Sandy Reith außerdem. Da wir uns jedoch auf *Sealevel* befinden, steht die angegebene Leistung wenigstens vollständig zur Verfügung. Somit sollte der Start keine Probleme bereiten. Eher flößt da schon der Wind Respekt ein, der an diesem Tag mit rund 30 Knoten bläst und schräg von vorne auf uns zukommt.

Wie gutmütig sich die Cessna 177 trotz dieser strammen Windverhältnisse verhält, zeigt sie uns beim Startlauf. Problemlos und weitgehend wie eine 172 lässt sie sich gut mit dem Seitenruder führen, mit etwas Gegenquerruder heben wir sicher ab. Trotz des Gewichts von vier Personen mit reichlich Gepäck steigen wir mit 3,5 Metern pro Sekunde und können die elektrisch angetriebenen Klappen nach kurzer Zeit von zehn auf null Grad zurück fahren. Kaum eine Stunde vergeht, dann können wir die beiden Passagiere auf dem kleinen Flugplatz irgendwo im australischen Hinterland absetzen und den Rückflug antreten. Mit weniger Sprit, nur noch zwei Passagieren und ohne Gepäck an Bord zeigt die 177 nun richtig gehend Temperament. Die Steigrate erreicht jetzt um die fünf Meter pro Sekunde. Wir nutzen den Heimflug nach Phillip Island zu etwas Airwork. Für Kunstflug ist die 177 Cardinal zwar nicht zugelassen, doch einfache Figuren wie etwa *Chandellen* oder eine *Lazy Eight* sind erlaubt und zeigen das gute Flugverhalten der 177. Auch beim Ausleiten aus einigen Trudelumdrehungen erweist sie sich als ganz und gar gutmütiger Allrounder, mit dem auch Anfänger nach kurzer Zeit blendend zurecht kommen.

Über Phillip Island nutzen wir das Kaiserwetter schließlich für Fotoaufnahmen. Die Rennstrecke, der Seehundfelsen, das Pinguin-Stadium – alles lässt sich aus etwas steileren Kurven heraus geflogen prächtig fotografieren. Und keine Flügelstrebe stört den Blick durch den Sucher.

Bei der Landung wählen wir diesmal den Anflug auf die Querbahn, die uns diesmal reichlich Seitenwind beschert.

**Auf die Reise: Trotz nur 160 PS bereiten auch kurze Pisten der Cessna 177 beim Start keine Schwierigkeiten – zumindest auf Sealevel. Bei voller Beladung oder auf hoch gelegenen Plätzen ist indes die stärkere Motorisierung empfehlenswert.**

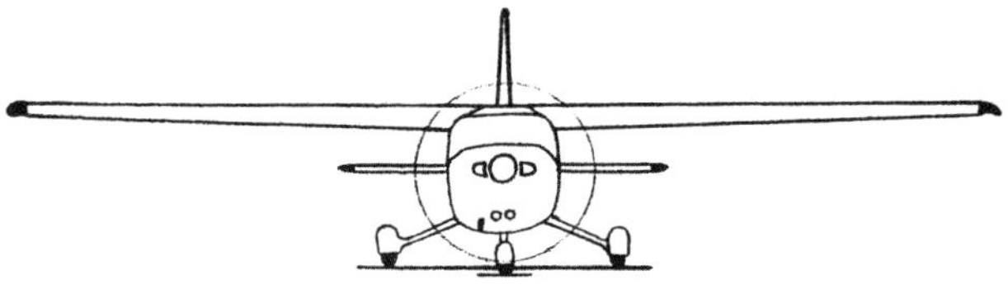

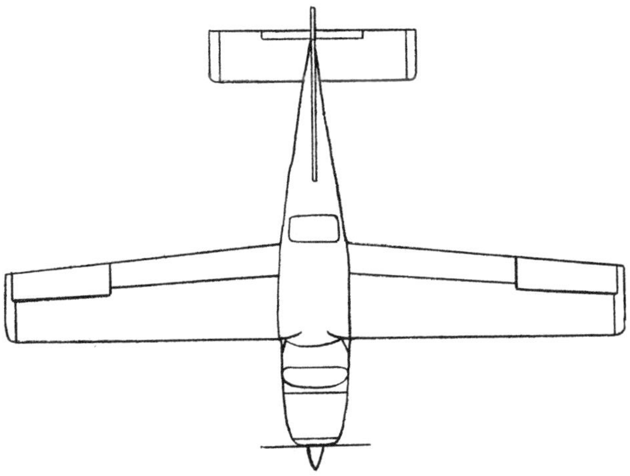

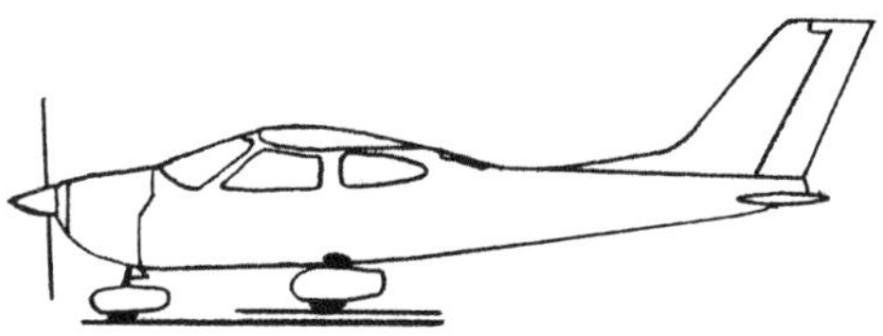

Mit kräftigem Gegenquerruder und gleichzeitigem Richtungshalten mit dem Seitenruder setzen wir die Cardinal zunächst auf dem rechten Fahrwerksbein auf. Ein flüchtiger Blick aus dem Seitenfenster verrät uns, dass bei einem Tiefdecker jetzt wohl bereits das Flächenende Bodenkontakt bekommen hätte. *»Deshalb fliegen wir hier lieber Schulterdecker«*, meint Sandy grinsend und berichtet von so manchem japanischen Gast, der hier seiner Piper PA-28 auf diese Weise das Lebenslicht ausblies. Wir jedoch freuen uns über die für einen Europäer ohne Küstenflug-Erfahrung spektakuläre Landung, spendieren der *177* noch eine kurze Wäsche und hangarieren sie schließlich kurz vor *Sunset*.

*»Eine RG hätte ich nie gewollt«*, verrät Sandy zum Abschluss und spielt damit auf die weitere Entwicklung der 177 Cardinal an. Ende 1970, knapp drei Jahre nach Einführung dieser Modellreihe, erweiterte Cessna die Produktpalette um die 177 Cardinal RG. Sie verfügte über ein elektrohydraulisches Einziehfahrwerk, das sich auf extremen Pisten wie hier auf Phillip Island aber nicht bewährte und wegen seiner filigranen Auslegung mitunter für Probleme und sogar Schäden sorgte.

Weitere Modelle waren die 1971 präsentierte Cardinal II und Cardinal RG II, die sich vor allem in einer erweiterten Ausstattung von den bisherigen Modellen unterschieden. Im Jahre 1976 schließlich wurde das Basismodell 177 von Cessna eingestellt und die Cardinal zum Grundmuster erklärt, während die Cardinal II in Cardinal Classic umbenannt wurde. Gegen Ende des Jahres 1978 stellte Cessna die Produktion der Cardinal-Baureihe nach mehr als 4200 gebauten Einheiten schließlich zugunsten der Hawk XP sowie der Skylane RG ein. *»Beide Maschinen bieten ähnliche Leistungs- und Ausstattungsmerkmale bei vergleichbarem Preis«*, wie Cessna-Vizepräsident Bob Lair feststellte. So ästhetisch gelungen wie die 177 Cardinal waren die beiden Nachfolger aber bei weitem nicht, weshalb die Gebrauchtpreise für gut erhaltene 177 Cardinal bereits wieder steigen. Viele Käufer betrachten sie als einen »Youngtimer« von heute – und einen Klassiker von morgen.

## Cessna 177 Cardinal

| | |
|---|---|
| **Muster:** | 177 Cardinal |
| **Hersteller:** | Cessna/USA |
| **Antrieb:** | Vierzylinder-Viertakt-Boxermotor vom Typ Lycoming O-360-A1F6D |
| **Leistung:** | 132 kW (180 PS) (Startleistung) |
| **Besatzung:** | 4 Mann |
| **Spannweite:** | 10,82 m |
| **Länge:** | 8,31 m |
| **Höhe:** | 2,62 m |
| **Flügelfläche:** | 16,16 m$^2$ |
| **Rüstgewicht:** | 745 kg |
| **Zuladung:** | 398 kg |
| **Startgewicht:** | 1134 kg |
| **Flächenbelastung:** | 70,17 kg/m$^2$ |
| **Höchstgeschwindigkeit:** | 257 km/h |
| **Landegeschwindigkeit:** | 108 km/h |
| **Steiggeschwindigkeit:** | 4,3 m/s |
| **Reichweite:** | 1658 km |
| **Dienstgipfelhöhe:** | 4450 m |

Dallach Diabolo

# WILDER TEUFEL

Wolfgang Dallach, zweifacher Deutscher Vizemeister im Motor-Kunstflug, konstruierte die Diabolo einst für seine persönlichen Wettbewerbseinsätze. Heute ist er mit dem »Youngtimer« auch bei Oldtimer-Flugtagen ein gefragter und gern gesehener Gast.

Wenn Wolfgang Dallach den 260-PS-Sechszylinder vom Typ Lycoming AEIO-540 warm laufen lässt, wissen die meisten Zuschauer, dass Ihnen nun Kunstflug der Spitzenklasse vorgeführt wird. Schließlich war Wolfgang Dallach einst auf internationaler Wettkampfbühne mit seiner Diabolo aktiv. Im Jahr 1977 wurde er erstmals in die Deutsche Kunstflug-Nationalmannschaft berufen, und 1981 errang er bei der Mannschafts-Europameisterschaft in Punitz die Silber-Medaille. Trotz seines sportlichen Bekanntheitsgrades muss er dennoch ab und zu die folgende Frage beantworten: »Was für ein Flugzeug ist denn das?« Um es kurz zu machen: Seine Diabolo ist ein Unikat, Anfang der 80er-Jahre von Wolfgang Dallach für die Kunstflug-Europameisterschaft sowie die Deutsche Meisterschaft konstruiert. Ihr Rumpf besteht aus einem geschweißten Gitterrohr-Stahlrahmen, der im vorderen Bereich mit Aluminium-

**Wolfgang Dallach und sein »Teufel«: Der bekannte Kunstflieger und Flugzeugbauer aus dem schwäbischen Heubach ist mit seiner Diabolo vor allem auf den süddeutschen Flugtagen einer der Publikumslieblinge.**

**Die Zeiten ändern sich: Ende der 70er, Anfang der 80er-Jahre startete Wolfgang Dallach sogar in der Deutschen Kunstflug-Nationalmannschaft. Heute ist der Kunstflug Hobby, der Flugzeugbau Beruf, und mit der »Fascination« etablierte er vor Jahren die Referenzklasse bei den Ultraleicht-Flugzeugen.**

blech beplankt, im hinteren Teil hingegen mit Stoff bespannt ist. In Holzbauweise sind hingegen die Tragflächen ausgeführt, die mit drei Millimeter dickem Mahagoni-Sperrholz beplankt sind.

Seinerzeit war die Diabolo das erste Kunstflugzeug mit einem Einstellwinkel von null Grad und damit ein echtes Novum, das noch besseres Kunstfliegen ermöglichte. Besonders die Rückenflugeigenschaften konnte Wolfgang Dallach deutlich verbessern.

Wolfgang Dallach selbst zu den wesentlichen Eigenschaften seiner Diabolo: *»Die Diabolo besitzt die Leistung einer Extra 300, nur die Drehgeschwindigkeit um die Längsachse ist geringer. Dafür können aber Figuren mit wesentlich geringerer Geschwindigkeit geflogen werden. Mit 160 km/h zum Beispiel zieht der Motor das Flugzeug aus der Rückenfluglage durch einen negativen Looping nach oben. Kreiselfiguren wie etwa der Lomkovac werden hingegen vermieden, da der Propeller der Diabolo vor der ‚Kreiselzeit' entwickelt wurde und somit ungeeignet ist und unter solchen Betriebszuständen leidet. Durch die Auslegung als Mitteldecker wird die Propellerströmung praktisch kanalisiert, und die Asymmetrien des Propellers werden nahezu aufgehoben. Dadurch erhält die Diabolo fast die Flugeigenschaften eines Jets.«*

Heute, mehr als 20 Jahre nach ihrer Entstehung, hat die Diabolo für Wolfgang Dallach nichts von ihrer Faszination verloren. Ganz im Gegenteil sogar. Verglichen mit zahlreichen Kunstflugmaschinen aus aktueller Fertigung kann

**Schall und Rauch: Der sonore Sound des Lycoming-Sechszylinders, gepaart mit einem ansehnlichen Schweif aus Paraffin-Rauch und freilich die sauber geflogenen Figuren bringen das Publikum auf Touren.**

die Diabolo heute noch bestehen, und der heutige Konstrukteur und Hersteller von Ultraleicht-Flugzeugen Marke WD Flugzeugbau im schwäbischen Heubach überlegt gar, sich und seine Diabolo zu reaktivieren.
Beim Oldtimer-Fliegertreffen auf der Hahnweide war Wolfgang Dallach auch 1999 zu Gast und begeisterte die 50.000 Zuschauer mit einem eindrucksvollen Aerobatic-Programm. Eine der besonderen Dallach-Spezialitäten dabei: perfekt geflogene Rollenkreise.
Mutet die Diabolo zwar immer noch sehr modern an, steht sie nunmehr aber doch bereits an der Schwelle zum Oldtimer-Flugzeug. Mittlerweile 20 Jahre alt, würde sie in Automobil- oder Motorrad-Kreisen als so genannter »Youngtimer« eingestuft werden. Ein Objekt demnach, dass zwar die 30 Jahres-Schwelle zum Oldtimer noch nicht durchbrochen hat, aber als für die Zukunft erhaltenswertes technisches Kulturgut eingestuft wird.
Wie sehr Wolfgang Dallach die Kunstfliegerei im Blut liegt, zeigte sich aber nicht nur bei der seinerzeit hochmodernen und effizienten Konstruktion der Diabolo. Auch seine Ultraleicht-Maschine »Fascination« trägt unverkennbar Wolfgang Dallachs Handschrift. Mit Reisegeschwindigkeiten von 250 km/h und deutlich mehr ist dieses UL nicht nur im Geradeausflug rasant, sondern überzeugt vor allem auch durch seine Flugeigenschaften, die von einem sehr direkten Ansprechen auf die Steuereingaben des Piloten geprägt sind.

**Entzücken im Rücken: Wolfgang Dallachs Diabolo besticht auch in der Rückenfluglage. Hier macht sich die konstruktive Auslegung der Maschine mit null Grad Einstellwinkel positiv bemerkbar.**

**»Glasboden« inklusive: Die Diabolo verfügt im Bereich des Piloten über einen vollständig verglasten Rumpf, der die Orientierung bei bestimmten Figuren erleichtert.**

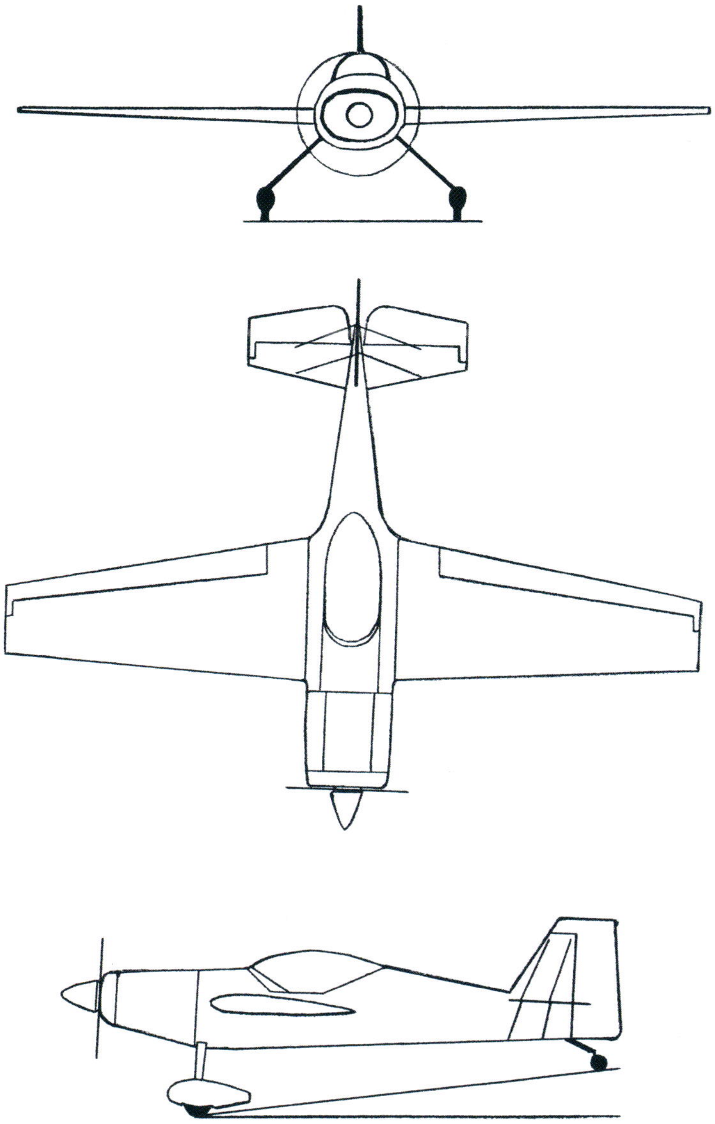

## Dallach Diabolo

| | |
|---|---|
| **Muster:** | Diabolo |
| **Hersteller:** | Wolfgang Dallach/D |
| **Antrieb:** | Lycoming-Sechszylinder-Viertakt-Boxermotor, Typ AEIO-540 |
| **Leistung:** | 191 kW (260 PS) (Startleistung) |
| **Besatzung:** | 1 Mann |
| **Spannweite:** | 7,40 m |
| **Länge:** | 5,92 m |
| **Höhe:** | 2,30 m |
| **Flügelfläche:** | 9,7 m² |
| **Rüstgewicht:** | 512 kg |
| **Zuladung:** | 188 kg |
| **Startgewicht:** | 700 kg |
| **Flächenbelastung:** | 72,16 kg/m² |
| **Höchstgeschwindigkeit:** | 450 km/h |
| **Landegeschwindigkeit:** | 140 km/h |
| **Steiggeschwindigkeit:** | 14 m/s |
| **Reichweite:** | 600 km |
| **Dienstgipfelhöhe:** | 5500 m |

**Dankeschön fürs Publikum: Mit gezogenen Bremsen, reichlich Motorleistung und viel Gefühl »verneigen« sich Wolfgang Dallach und die Diabolo zum Abschluss ihrer Vorstellung. Fraglos eine Nummer für Könner.**

REMOVE BEFORE FLIGHT!

## De Havilland D.H. 104 Dove

# PASSAGIER-OLDIE

**Kurz nach dem Ende des Zweiten Weltkrieges schuf De Havilland mit der D.H. 104 Dove eine kleine, zweimotorige Verkehrsmaschine, die sich rasch ein breites Einsatzgebiet erschloss. Heute ist die »Dove« auf Oldtimer-Flugtagen ein gern gesehener Gast.**

Ein Jahrzehnt lang, von 1935 bis 1945, vertraute die britische Firma De Havilland in der Sparte der leichten Verkehrsflugzeuge auf ihre beiden Modelle D.H. 89 Dragon Rapide und D.H. 90 Dragonfly, zwei in aufwändiger Holzbauweise konstruierte Doppeldecker für den Transport von acht bis zehn Passagieren.
Für die Nachkriegszeit entwickelten die De Havilland-Konstrukteure 1945 mit der D.H. 104 Dove hingegen einen wesentlich moderneren Nachfolger, der nicht nur acht bis elf Passagieren Platz bot, sondern nun – mit Ausnahme der mit Stoff bespannten Höhen- und Seitenruderflächen – vollständig in Metallbauweise entstand sowie zudem als Tiefdecker ausgelegt war.
Den Antrieb übernahmen zwei Gipsy-Queen-Reihenmotoren mit jeweils 340 PS Leistung und einer Propellerblatt-Verstellung, die es nicht nur erlaubte, die Propellersteigung den augenblicklichen Flugzuständen wie etwa Steig- oder Reiseflug anzupassen, sondern die Propeller

**Beliebte Reisemaschine: Die D.H. 104 Dove wurde nach dem Zweiten Weltkrieg 23 Jahre lang gebaut und diente als ziviles Reiseflugzeug für Airlines und private Eigner.**

**Makelloser Zustand: Wie gut die »D-IFSA« in Schuss ist, zeigt sich an zahlreichen Details wie hier am Bugfahrwerk. Michael Euchner und Holger Braun kümmern sich seit 1998 um ihr Wohlergehen.**

überdies bei der Landung auch zu Bremszwecken zu nutzen. Damit war die D.H. 104 Dove die erste britische Verkehrsmaschine, die sich dieser Technologie zur Verkürzung der Landerollstrecke bediente.

Rasch entwickelte sich die D.H. 104 Dove zu einem populären, zivilen Reiseflugzeug für Airlines und private Eigner, das 23 Jahre lang gefertigt wurde. Bis 1968 rollten 542 Einheiten aus den Montagehallen, von denen 100 als D.H. 104 Devon beziehungsweise Sea Devon an die Royal Air Force sowie die Royal Navy geliefert wurden.

Neben der erwähnten Motorisierung mit den beiden 340 PS starken Gipsy-Queen-Reihenmotoren entstanden außerdem verschiedene andere Varianten der D.H. 104 Dove mit 380 und 400 PS starken Triebwerken. Als die amerikanische Firma Riley Aircraft die D.H. 104 Dove als Umbau-Basis für ihre Turbo Executive 400 heranzog, verwendete man Achtzylinder-Avco Lycoming-Boxermotoren mit je 405 PS. Eine weitere Umbau-Variante der D.H. 104 Dove lieferte die im kalifornischen Long Beach ansässige

**Kräftiger Antrieb: Zwei Gipsy Queen-Kolbentriebwerke mit jeweils 400 PS Leistung machen die Dove bei Bedarf bis zu 378 km/h schnell.**

**Charakteristische Frontansicht: Der Rumpf der Dove baut schmal und hoch. In seinem Innern finden acht bis elf Passagiere Platz.**

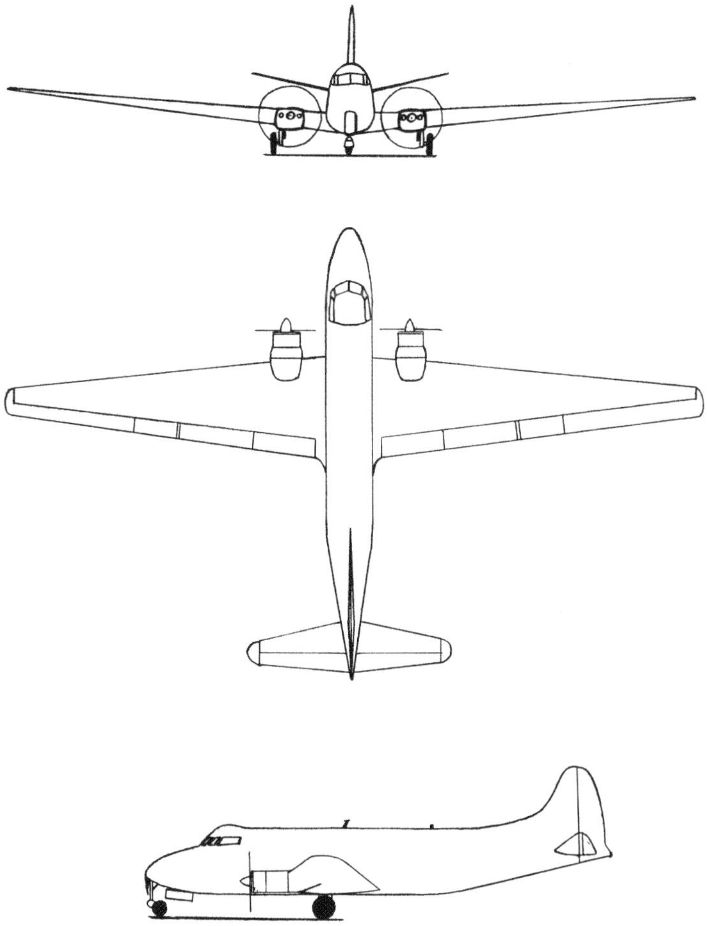

## De Havilland D.H. 104 Dove

| | |
|---|---|
| **Muster:** | D.H. 104 Dove |
| **Hersteller:** | De Havilland/GB |
| **Antrieb:** | Zwei De Havilland Gipsy Queen-Reihenmotoren |
| **Leistung:** | 294 kW (400 PS) (Startleistung) |
| **Besatzung:** | 8 bis 11 Mann |
| **Spannweite:** | 17,37 m |
| **Länge:** | 11,99 m |
| **Höhe:** | 4,06 m |
| **Flügelfläche:** | 31,12 $m^2$ |
| **Rüstgewicht:** | 2985 kg |
| **Zuladung:** | 1165 kg |
| **Startgewicht:** | 4150 kg |
| **Flächenbelastung:** | 133,4 kg/$m^2$ |
| **Höchstgeschwindigkeit:** | 378 km/h |
| **Landegeschwindigkeit:** | 130 km/h |
| **Steiggeschwindigkeit:** | 5 m/s |
| **Reichweite:** | 1300 km |
| **Dienstgipfelhöhe:** | 6615 m |

Firma Carstedt, die daraus ihr Modell Jet Liner 600 kreierte, das über zwei Garrett-Turbinen mit jeweils 613 PS Leistung verfügte, und dessen verlängerter Rumpf nun 18 Passagieren Platz bot.
Heute sind in Deutschland nur noch zwei flugtaugliche »Dove« bekannt. Eine der beiden Maschinen, die »D-IKUR«, steht zur Zeit in Werneuchen bei Berlin, während die auf diesen Seiten abgebildete D.H. 104, die »D-IFSA«, in Schwenningen stationiert ist.
Die »D-IFSA« wurde 1963 zusammen mit ihren zwei Schwesterflugzeugen »D-IFSB« und »D-IFSC« von der Bundesanstalt für Flugsicherung (BFS) neu gekauft und bis zum Jahr 1980 als Messflugzeug der Flugvermessungsstelle Lagerlechfeld bei Augsburg zur Überprüfung ziviler und militärischer Navigationsanlagen eingesetzt. Von diesen drei Maschinen verblieb bis heute nur die »D-IFSA« in flugbereitem Zustand, während die »D-IFSC« in der Zeit nach ihrer Ausmusterung, wo sie zum Absetzen von Fallschirmspringern diente, bei einer Landung beschädigt wurde. Ihre Überreste dienen heute der »D-IFSA« als Ersatzteilspender.
Die »D-IFSB« steht seit dem Ende ihrer Dienstzeit in England im *Mosquito Aircraft Museum* in Salisbury Hall nördlich von London. Auf den britischen Inseln stehen mindestens noch weitere zehn Exemplare in unterschiedlichen Erhaltungszuständen. Eine D.H. 104 fliegt noch heute bei der Royal Jordanian Air Force, und auch in den USA befinden sich noch mehrere Maschinen.
Gemessen an den 542 gebauten Einheiten ist die »Dove« mithin also recht selten geworden und auf Flugtagen wie dem Oldtimer-Fliegertreffen auf der Hahnweide ein entsprechend gern gesehener Gast. Michael Euchner und Holger Braun aus Leinfelden-Echterdingen kümmern sich seit 1998 um das Wohlergehen der »D-IFSA«, die letztmals beim »10. Oldtimer-Fliegertreffen« auf der Hahnweide gastierte.

De Havilland D.H. 85 Leopard Moth

# KOMFORT-GEWINN

Mit der Leopard Moth schuf De Havilland Anfang der 30er-Jahre eine komfortable Reisemaschine, die sich auch durch sportliche Erfolge einen guten Namen machte.

Die Konstruktion der 1933 von De Havilland eingeführten D.H. 85 Leopard Moth geht in ihren wesentlichen Zügen auf die D.H. 80 Puss Moth zurück. Dieses Flugzeug, das bereits im September 1929 zu seinem Jungfernflug gestartet war, besaß erstmals einen Motor vom Typ Gipsy Major II mit hängenden Zylindern, was die Konstruktion einer schlanken und viel niedrigeren Cowling ermöglichte und die Sicht des Piloten, insbesondere beim Rollen, stark verbesserte. Zudem – und dies war das wesentliche Argument, das für die neue Puss Moth sprach – verfügte die Maschine über eine geschlossene Kabine und damit über ein erheblich gesteigertes Komfort-Angebot für Piloten und Passagiere.

Der im vorderen Teil mit Sperrholz beplankte und an den übrigen Stellen mit Stoff bespannte Stahlrohrrumpf nahm vorne den Piloten sowie dahinter zwei Passagiere auf. Zugang zur Kabine erhielt man durch eine Tür auf der rechten Seite. Die Tragflächen waren in konventioneller Bauweise aus Holz gefertigt, mit Stoff bespannt und zur platzsparenden Hangarierung an den Rumpf anklappbar.

**Gast aus der Schweiz: Die seltene D.H. 85 Leopard Moth gastiert regelmäßig beim Hahnweide-Treffen. Dabei sorgt die Maschine aus den frühen 30er-Jahren stets für viel Gesprächsstoff.**

**Extrem schlank: Die Frontansicht verdeutlicht, wie ungemein schmal und hoch der Rumpf der Leopard Moth baut. Entsprechend groß fallen die Rumpf-Seitenflächen aus, die bei Seitenwind besondere Aufmerksamkeit des Piloten verlangen.**

**Gemütlicher Arbeitsplatz: Im Cockpit der Leopard Moth herrscht wahre Oldtimer-Atmosphäre. Zierleisten sowie das Trimmrad aus lackiertem Holz verströmen englisches Flair.**

Im Zuge der Modellpflege erhielt die Puss Moth mit der Zeit stärkere Motoren. Ihre Leistung stieg von zunächst 121 PS auf später 132 PS an. Ein Triebwerk der letzteren Bauart bekam dann auch die Leopard Moth.

Die berühmteste Puss Moth der Luftfahrtgeschichte ist die Maschine mit dem klangvollen Namen »The heart's content« mit der englischen Registrierung »G-ABXY« von Jim Mollison. Der bekannte britische Pilot flog 1932 mit einer anderen Puss Moth in vier Tagen, 17 Stunden und 19 Minuten vom englischen Lympne ins südafrikanische Kapstadt. Für diesen Flug hatte man in der Kabine einen 727 Liter fassenden Kraftstoff-Zusatztank sowie weitere Fenster im hinteren Bereich der Kabine installiert. Die damit auf fast 6000 Kilometer angewachsene Reichweite ermöglichte ihm im August desselben Jahres schließlich noch die erste gelungene Atlantik-Überquerung von Dublin aus nach New Brunswick in Amerika. Kaum ein halbes Jahr später startete Mollison von Lympne aus in Richtung Natal in Brasilien und schaffte damit auch als Erster im Alleingang eine Südatlantik-Überquerung.

**Ausreichend motorisiert: Mit 132 PS Leistung ist die maximal 1009 Kilogramm schwere Leopard Moth ordentlich motorisiert und erreicht eine Steigleistung von 3,5 Metern pro Sekunde.**

Nicht zuletzt diese Rekordflüge machten die Puss Moth bekannt, und so lag für De Havilland klar auf der Hand, dieses erfolgreiche Muster weiter zu verbessern und die bisher gewonnenen Erfahrungen in eine neue Konstruktion einfließen zu lassen.

Das Nachfolge-Muster, die D.H. 85 Leopard Moth, entsprach optisch deshalb weitgehend der Puss Moth, wies aber einige Verbesserungen auf. So etwa die neue Rumpf-Konstruktion, die nun auf Holz in Verbindung mit einer Stoffbespannung und Stahlbeschlägen als Werkstoffe vertraute. Das senkte die Herstellungskosten und damit auch den Verkaufspreis.

Geblieben war bei der Leopard Moth die schon von der Puss Moth her bekannte Kabine mit dem Pilotensitz vorne und den beiden Passagiersitzplätzen dahinter. Neu hingegen waren die schlankeren Tragflächen mit deutlich ausgeprägterer Streckung, was sich insbesondere bei der Unterbringung der Maschine im Hangar als großer Vorzug erwies. Geblieben war außerdem die Anklappbarkeit der Flächen sowie die um 90 Grad drehbaren Fahrwerksstreben, die dann die Funktion von Luftbremsen übernehmen konnten. Dadurch verringerte sich der Gleitwinkel von 1:12 auf 1:9. Die Räder waren mit Dunlop Bremsen ausgerüstet, die differenziales Bremsen erlaubten.

Wie schon zuvor die Puss Moth, verschaffte sich auch die Leopard Moth durch sportliche Erfolge große Aufmerksamkeit: Bereits zwei Wochen nach dem Start des ersten Prototypen am 27. Mai 1933 gewann die Leopard Moth unter Sir Geoffrey De Havilland in Hatfield das *King's Cup Race*. Dieser Sieg sorgte sofort für eine starke Nachfrage.

Die Leopard Moth entstand in einer Epoche des Umbruchs. Das Zeitalter der Langstreckenflüge von Amy Johnson und Jim Mollison, Beryl Markham und Jean Batten war beinahe vorbei, alle Erstflüge gemacht, unglaublich scheinende Rekordzeiten von Kontinent zu Kontinent waren aufgestellt. Es wurde immer schwieriger, sich mit einem Flug ins Rampenlicht zu rücken, mochte er noch so abenteuerlich sein. Die europäische Zivilluftfahrt stand im Umbruch. Nicht mehr Heldentum und Abenteuer waren gefragt, sondern zunehmend Sicherheit, Zuverlässigkeit und Komfort. Die Helden hatten ihre Schuldigkeit getan, die normalen (wenn auch reichen!) Leute konnten übernehmen. Die Verkehrsluftfahrt war am Entstehen. Leopard Moths haben diese Entwicklung miterlebt und ihren kleinen Teil dazu beigetragen.

Berühmte Flieger ihrer Zeit besaßen eine Leopard Moth, so Capt. Geoffrey De Havilland selber, aber auch Alex Henshaw, Sir Philip Sassoon und Alan S. Butler. Beryl

Markham, die in Kenya geboren wurde und lebte, flog mit einer Leopard Moth fast regelmäßig zwischen Nairobi und London hin und her. Im Vorfeld des berühmten McRobertson-Luftrennens von England nach Australien 1934 spielten zwei Leopards eine Rolle: Die eine, der Prototyp, als Versuchsträger für den neuen Sechszylinder vom Typ Gipsy R mit Verstellpropeller, der für den legendären DH-88 Comet Racer entwickelt wurde. Mit der anderen flogen Bernard Rubin und Ken Waller in achteinhalb Tagen von England nach Australien und zurück – zum Kennenlernen der Strecke.

Viele Firmen setzten Leopards als Taxiflugzeuge und im Bedarfsverkehr ein, vor allem in England und dem Commonwealth, aber auch von Alpar und später Balair in der Schweiz.

Insgesamt fertigte De Havilland zwischen 1933 und 1936 von der D.H. 85 Leopard Moth 132 Exemplare. Bei Kriegsbeginn zog die englische Krone 44 Exemplare ein und setzte sie bei der RAF sowie der ATA (Air Transport Auxiliary) mit Tarnanstrich als Verbindungsflugzeuge ein. Nach dem Krieg flogen weniger als 20 Leopards weiter, und heute sind weltweit gar nur noch fünf Exemplare in flugtauglichem Zustand und damit seltene und begehrte Gäste auf Oldtimer-Flugtagen.

Eine kleine Gruppe von Enthusiasten aus der Schweiz, die Swissair-Flugkapitäne Urs Ehrbar und Benno Tissi sowie Flight-Attendant Marianne Müller besitzen ein gut erhaltenes und liebevoll gepflegtes Exemplar, mit dem sie sich einen wohltuenden Ausgleich zum beruflichen Alltag verschaffen. Über die Flugeigenschaften und die bewegte Geschichte ihrer Leopard Moth wissen sie Folgendes zu berichten:

*»Fliegerisch ist die Leopard ein gutmütiges (aber das sagt ja auch jeder Hundebesitzer von seinem Tier), wenn auch eher träges, Spornradflugzeug. Die Rumpfseitenfläche ist verhältnismäßig groß, so dass bei Seitenwind trotz eines schweren Hecks manchmal interessante Situationen entstehen können. Diese Flugzeuge wurden jedoch vor der ‚Erfindung' des Seitenwindes gebaut, als noch von großen Flugfeldern aus geflogen wurde, die in jeder beliebigen Richtung benutzt werden konnten. Ausgeglichene Steuerwirkung, eher schwerfällig im Querruder, vervollständigen das Bild. Die Leopard ist ein sehr stabiles Reiseflugzeug.*

*Unter den Flugzeugen, die in England den ‚Wiedereinstieg' ins Zivilleben schafften, ist auch unsere G-APKH. Sie war 1933 als drittes Flugzeug mit der Kennung G-ACGS in Stag Lane gebaut worden. Erster Besitzer war Gordon Selfridge, der Kaufhausbesitzer aus London (siehe Initialen*

**Gute Reise: Lange Reiseflüge waren und sind die Domäne der Leopard Moth. Mindestens einmal pro Jahr unternimmt die schweizerische Haltergemeinschaft, bestehend aus Marianne Müller, Benno Tissi und Urs Ehrbar auch einen Trip in die englische Heimat der Leopard Moth.**

*in der Registrierung). Selfridge war 1909 dabei, als Louis Blériot in Dover landete. Am nächsten Tag war das Flugzeug Blériots im Warenhaus Selfridge's in London zu besichtigen. Die Tochter von Selfridge war mit Jean De Sibour verheiratet, der zur Zeit, als sein Schwiegervater die Leopard besaß, Campaign Manager bei Amelia Earhart's Weltrundflugprojekt war. Da Amelia zwei Mal, 1933 und 1934, bei den De Sibours in England zu Besuch weilte, liegt die Vermutung nahe, dass sie auch einmal mit oder zumindest in der Leopard geflogen ist, wer weiß ?*
*1939 wurde ACGS eingezogen. Über die Zeit während des Krieges und unmittelbar danach ist uns nichts bekannt. Das nächste Mal wird sie im Schriftverkehr zwischen Peter Franklin in White Waltham und dem CAA im Zusammenhang mit einem Wiederaufbauprojekt 1957 erwähnt. Peter Franklin erhielt 1963 für seine wiederaufgebaute Leopard eine neue Zulassung und eine eigene Seriennummer, was darauf schließen lässt, dass von ACGS nicht mehr allzu viel übrig gewesen war. APKH wird seither als 131. aller 132 gebauten Leopards geführt. Peter Franklin flog die Leopard bis zu seinem Tod 1982 von White Waltham aus.*
*Aus seinem Nachlass wurde APKH von den beiden Flugkapitänen Denis Wood und Igor Lemanski sowie dem Ingenieur Neil McDermott übernommen und bis 1991 geflogen. Ihr neues Zuhause war das berühmte englische Goodwood. 1991 kam es zum vorerst letzten Handwechsel. APKH kam in den Besitz des Schweizers Ernst Sonderegger sowie Gerald Grocott, einem Neuseeländer in den Diensten der Swissair. Kurze Zeit später wurde die Gruppe dann um Benno Tissi erweitert. Seit 1997 ist auch Urs Ehrbar dabei, ein weiterer Swissair-Angestellter, während sich Ernst Sonderegger zurückgezogen hat. 1998 schließlich stieß Marianne Müller zur Gruppe.*
*APKH hat ihre englische Zulassung behalten. Sie fliegt mit einer Zulassungsform, die es uns erlaubt, sehr viele Arbeiten unter Aufsicht eines Experten selber auszuführen. Allerdings darf das Flugzeug nicht kommerziell eingesetzt werden.*
*Die Leopard macht auch heute noch oft das, was sie am besten kann: lange Reiseflüge. Sie fliegt mindestens einmal pro Jahr nach England. Meistens sieht man sie in Woburn Abbey zum jährlichen Fly-in des **De Havilland Moth Clubs**. Sie ist zudem regelmäßiger Gast auf der Hahnweide. Auch Reisen nach Skandinavien, Italien und Irland wurden in den letzten Jahren unternommen. So waghalsig wie Torquil Norman, der mit seiner 65-jährigen Leopard Moth G-AIYS im Juli 1999 den Nordatlantik überflogen hat, um in Oshkosh dabei zu sein, sind wir (im Moment) allerdings nicht.«*

**Heim in die Schweiz: Hier startet die Leopard Moth zu ihrem Rückflug vom Oldtimer-Treffen auf der Hahnweide zurück in die Schweiz. Dort ist sie als eines von fünf weltweit noch flugtauglichen Exemplaren dieses Typs stationiert.**

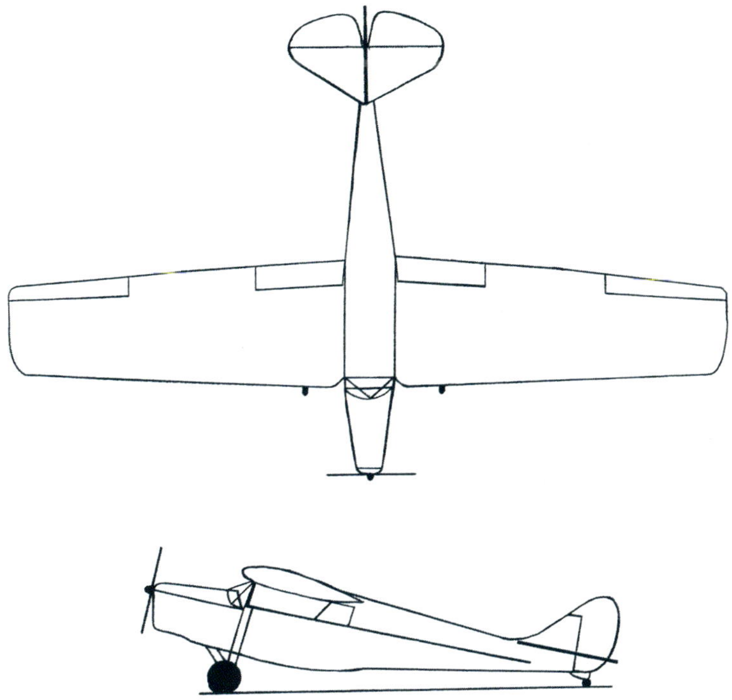

## De Havilland D.H. 85 Leopard Moth

| | |
|---|---|
| **Muster:** | D.H. 85 Leopard Moth |
| **Hersteller:** | De Havilland/GB |
| **Antrieb:** | De Havilland Gipsy Major-Viertakt-Reihenmotor |
| **Leistung:** | 97 kW (132 PS) (Startleistung) |
| **Besatzung:** | 3 Mann |
| **Spannweite:** | 11,43 m |
| **Länge:** | 7,47 m |
| **Höhe:** | 2,67 m |
| **Flügelfläche:** | 19,14 m² |
| **Rüstgewicht:** | 637 kg |
| **Zuladung:** | 376 kg |
| **Startgewicht:** | 1009 kg |
| **Flächenbelastung:** | 52,72 kg/m² |
| **Höchstgeschwindigkeit:** | 220 km/h |
| **Landegeschwindigkeit:** | 105 km/h |
| **Steiggeschwindigkeit:** | 3,5 m/s |
| **Reichweite:** | 1151 km |
| **Dienstgipfelhöhe:** | 6555 m |

**Eigenwilliger Charakter: Sowohl die Leitwerks-Partie als auch die Gestaltung der Flügel machen die Leopard Moth zu einem unverwechselbaren Flugzeug.**

## Eidgenössische Flugzeugwerke/ Doflug Altenrhein AG C-3605

# SCHWEIZER LANGNASE

MUSEUM
SPEYER

Das Konzept der C-3605 mutet auf den ersten Blick modern an, ist jedoch bereits mehr als 60 Jahre alt. In Deutschland nimmt mit der von Klaus Marzina geflogenen »D-FOXY« in schöner Regelmäßigkeit ein Flugzeug dieses Typs an den Oldtimertreffen teil.

Obgleich die C-3605, die unter Pilot Klaus Marzina hierzulande bei Oldtimer-Flugtagen gastiert, äußerst modern anmutet, reicht ihre Entwicklungsgeschichte doch bis in die 30er-Jahre des vergangenen Jahrhunderts zurück. Im Jahr 1935 entstand nach Forderungen der Schweizer Streitkräfte die Projektierung eines Fernaufklärungsflugzeugs mit hoher Reichweite, das sich aber gleichzeitig auch für Erdangriffe eignen sollte. So wurde zunächst die C-3601 gebaut, die noch über einen 857 PS starken Kolbenmotor verfügte, der sich in der Flugerprobung aber als zu schwach erwies. Nach dem Absturz dieses ersten Prototyps entstand eine zweite Maschine mit der Typenbezeichnung C-3602, die bereits über ein 1015 PS starkes Triebwerk verfügte und sich bei den Flugversuchen im Frühjahr 1940 bewährte.
In der Folge entstand mit der C-3603-1 die erste Bauserie dieses Flugzeugs, von denen 142 Exemplare als Kampfflugzeuge sowie zwei Typen als Schulungsmaschinen her-

**Forever young: Im Kreise zahlreicher Oldtimer-Flugzeuge mutet die C-3605 geradezu modern an. In der Tat geht ihr technisches Konzept aber auf das Jahr 1935 zurück.**

**Die Zwei: Klaus Marzina und seine C-3605 sind auf zahlreichen europäischen Flugtagen und Airshows seit langem Stammgäste.**

gestellt wurden. Von 1942 bis 1952 erfüllte die C-3603-1 damit gleichermaßen die Aufgaben des Erdkampfes wie der Fernaufklärung in der Schweizer Luftwaffe. Außerdem eignete sich die bei den Eidgenössischen Flugzeugwerken in Emmen gebaute C-3603-1 auch als Schleppmaschine. Aus der von 1946 an gefertigten C-3604, die über einen nun 1268 PS starken Kolbenmotor des schweizerischen Motorenherstellers Saurer, 12,5 m/s Steigrate sowie ein Einziehfahrwerk verfügte, entstand nach einem Forderungskatalog im Jahr 1963 die C-3605, die über ein 1115 PS starkes Lycoming-Turbinentriebwerk vom Typ T 53-L-7A verfügte und deutlich bessere Flugleistungen als die bisherigen Exemplare erreichte. Aufgrund des geringen Gewichtes der Turbine und der speziellen Abgasrohrführung musste das Rumpfvorderteil jedoch um 2,68 Meter verlängert werden, was der ebenfalls in Ganzmetallbauweise gefertigten Maschine ein überaus charakteristisches Erscheinungs- und Flugbild gab. Die Turboprop-Version flog erstmals am 19. August 1968 unter der Schweizer Kennung C-502 und wurde 1987 von den schweizerischen Luftstreitkräften nach fast 20 Dienstjahren in Lodrino im Tessin ausgemustert und schließlich vor Ort versteigert.

Klaus Marzina, im bürgerlichen Leben Flugkapitän auf einer Boeing 747, erwarb seine C-3605 dort im Dezember 1987, zerlegte sie und transportierte sie per Tieflader nach Deutschland. Nach zwei Jahren und fünf Monaten Restaurierungsarbeit flog er im Mai 1990 den ersten zivilen Einsatz mit der Maschine. Heute ist seine C-3605 das einzige fliegende Exemplar dieses Typs in Deutschland und begeistert Jahr für Jahr Tausende von Zuschauern auf den

Air-Shows. Das eigenwillige Erscheinungsbild der Maschine am Boden, die charakteristische gelb-schwarze Zielschlepper-Lackierung, der unverwechselbare Turbinensound im Flug und schließlich das gekonnte *Flying Display* sorgen dafür, dass die Zuschauer Klaus Marzina und seiner üblicherweise im Technik-Museum Speyer stationierten C-3605 stets besondere Aufmerksamkeit schenken. Für das bekannte Museum hatte er die C-3605 damals gekauft, denn mit einer Gruppe Gleichgesinnter bereitete er damals dessen Gründung vor.
Heute ist die C-3605 von Klaus Marzina deshalb entweder in der »Lille«-Halle des Technik-Museums in Speyer oder auf dem benachbarten Flugplatz seines Heimatortes Mannheim zu bestaunen.

**»Langnase«: Hinter der extrem langen Cowling der C-3605 verbirgt sich eine Lycoming-Turbine mit 1115 PS Wellenleistung, die für ein maximales Steigen von 12,5 Metern pro Sekunde gut sind.**

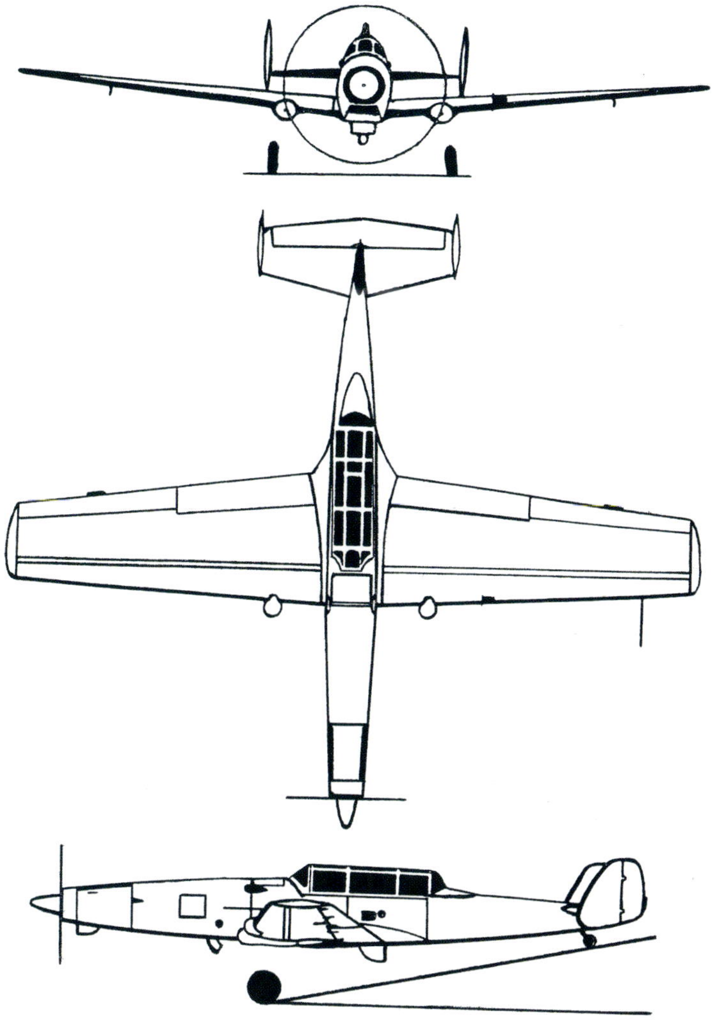

## Eidgenössische Flugzeugwerke/ Dornier Flugzeugwerke AG C-3605

| | |
|---|---|
| **Muster:** | C-3605 |
| **Hersteller:** | Eidgenössische Flugzeugwerke/Doflug Altenrhein AG/CH |
| **Antrieb:** | Turbine vom Typ Lycoming T 53-L-7A |
| **Leistung:** | 820 kW (1115 PS) (Wellenleistung) |
| **Besatzung:** | 2 Mann |
| **Spannweite:** | 13,74 m |
| **Länge:** | 12,93 m |
| **Höhe:** | 4,1 m |
| **Flügelfläche:** | 28,70 m² |
| **Rüstgewicht:** | 2634 kg |
| **Zuladung:** | 666 – 1082 kg |
| **Startgewicht:** | 3300 – 3716 kg |
| **Flächenbelastung:** | 129 kg/m² |
| **Höchstgeschwindigkeit:** | 500 km/h |
| **Landegeschwindigkeit:** | 150 km/h |
| **Steiggeschwindigkeit:** | 12,5 m/s |
| **Reichweite:** | 1025 km |
| **Dienstgipfelhöhe:** | 5000 m |

**Trainer-Stunde: Unter der üppig verglasten Kabinenhaube finden Pilot und Copilot Platz und genießen gute Sichtverhältnisse.**

## Great Lakes 2T-1A-1

# ALLROUND-TALENT

535

**In den 30er-Jahren als Kunstflugmaschine konzipiert, erfreut die Great Lakes heutzutage als seltener Gast die Besucher auf den Air-Shows. Klaus Weinems Exemplar wurde zudem im Hinblick auf die Reisetauglichkeit sowie den Einsatz auf Schneepisten zu einem echten Allrounder modifiziert.**

In den 30er-Jahren des vergangenen Jahrhunderts machte in den USA ein Doppeldecker bei Stunt-Shows von sich reden – die Great Lakes. Serienmäßig mit einem 90 PS starken Reihenmotor ausgerüstet, befanden sich damals rund 100 Exemplare der Baujahre 1929 bis 1931 im Einsatz. Doch für den Kunstflug-Einsatz tauschten etliche Piloten das Serienaggregat des 580 Kilogramm schweren Doppeldeckers gegen Triebwerke aus, die bis zu 180 PS leisteten. Derart motorisiert, wurde die Great Lakes zu einer leistungsfähigen Kunstflugmaschine, die bei den Piloten rasch sehr beliebt war.

Gegründet wurde die *Great Lakes Aircraft Corporation* 1928. Das Unternehmen begann seine Produktion zunächst mit zwei Exemplaren eines Zivilflugzeuges mit dem Namen »Miss Great Lakes«, dessen Konstruktion auf der Martin T4M-1 basierte. Leider stieß das als Transportmaschine konzipierte Flugzeug auf geringes Interesse, weshalb der Hersteller beschloss, sich zukünftig auf den Bau eines zweisitzigen Doppeldeckers für Sport- und Schulungszwecke zu konzentrieren. So entstand die Great Lakes 2-T-1 mit einem 85 PS starken Motor vom Typ Cirrus Mk III, von der etwa 40 Exemplare gebaut wurden.

Wie zahlreichen anderen Flugzeugherstellern, so machte auch der *Great Lakes Company* die Weltwirtschaftskrise stark zu schaffen, und so musste die Firma bereits

**Verlässlicher Partner: Hinter der Cowling der Great Lakes sorgt ein 180 PS starker und zuverlässiger Lycoming-Vierzylinder-Boxer für Vortrieb.**

**Traditionell: Am Heck der Great Lakes befindet sich ein Spornrad. Das übliche Fahrwerks-Arrangement jener Tage.**

1933, fünf Jahre nach ihrer Gründung, die Fertigung wieder einstellen. Erst 1966, mehr als 30 Jahre später, wurde der Great Lakes wieder Leben eingehaucht, indem der amerikanische Luftfahrt-Enthusiast Harvey S. Swack versuchte, für Museen alte Great Lakes zu beschaffen. Da sich dieses Unterfangen als äußerst schwierig herausstellte, fasste er schließlich den Entschluss, die Rechte an der Doppeldecker-Maschine zu erwerben und fortan Pläne und Bausätze für die Homebuilding-Szene zu entwickeln und zu vertreiben.
Im Jahr 1972 schließlich veräußerte Swack seine Rechte an der Great Lakes an Herrn Chaplin, der eine neue

**Konzept aus den 30er-Jahren: Die Great Lakes machte in jener Zeit vor allem als Kunstflugmaschine bei Stunt-Shows von sich reden.**

**Kräftiger Vortrieb: Die 180 PS sorgen bei der Great Lakes für eine Steigrate von 5,5 Metern pro Sekunde. Die Höchstgeschwindigkeit liegt bei 228 km/h.**

Fertigung aufbaute und 1974 mit der Herstellung begann. Zunächst entstanden zehn Flugzeuge auf der konstruktiven Basis von 1929, die über einen 140 PS starken Boxermotor sowie einen starren Propeller verfügten. Weiterhin baute man eine Maschine auf dem technischen Stand von 1931, die über einen 180 PS-Lycoming-Boxermotor und Verstellpropeller verfügte – die auf diesen Seiten abgebildete »D-EBGL« von Klaus Weinem aus Wuppertal. Nochmals modifiziert wurde die Great Lakes 1977, indem sie vier anstatt wie bisher zwei Querruder erhielt, was insbesondere die Agilität um die Längsachse und damit die Rollrate steigerte. Weiterhin wurde ein erhöhtes Abfluggewicht sowie eine Anhebung der Lastvielfachen geprüft und genehmigt.
In der Folge änderten sich die Eigentumsverhältnisse der *Great Lakes Company* nochmals, und Ende der 80er-Jahre stellte man die Produktion des Kunstflug-Doppeldeckers aus Gründen der extremen Produkthaftungs-Verhältnisse – gerade in den USA – schließlich ganz ein. In der zweiten Produktreihe von 1974 an wurden rund 350 Great Lakes gefertigt, von denen jedoch nur ganze vier Exemplare in Europa fliegen.
Klaus Weinems »D-EBGL« wurde 1976 mit der Werknummer 504 als 2T-1A-1 gebaut und 1977 als erste Maschine dieses Typs vom Luftfahrt-Bundesamt in Deutschland zugelassen. Erweiterte Zulassungen ermög-

lichen Klaus Weinem jedoch nicht nur den Kunstflugbetrieb mit seiner mit einem Christen-Rückenflug-System ausgestatteten Great Lakes, sondern auch den Flugzeugschlepp sowie mit Schneekufen auch den Einsatz auf winterlich verschneiten Landeplätzen.

Für längere Urlaubsflüge fand Klaus Weinem, der seine Great Lakes 1977 bei der Firma Williams in Günzburg kaufte, zudem eine attraktive Lösung zur Unterbringung des Gepäcks. Zwei große Außenlastbehälter verleihen seiner Great Lakes nicht nur eine markante Optik, sondern erlauben sogar die Mitführung zweier kompletter Golf-Ausrüstungen für ihn und seine Frau. *Last but not least* trug Klaus Weinem auch den verschärften Lärm-Grenzwerten Rechnung, indem er seiner Great Lakes durch die Montage einer Quietflight-Auspuffanlage der Firma Gomolzig zu einem Lärmschutzzeugnis verhalf, das sich gerade in jüngster Zeit, in der der Flugbetrieb auf immer mehr Plätzen eingeschränkt wird, als nützlich erweist.

Runde 2000 Flugstunden absolvierte Klaus Weinem mittlerweile auf seiner Great Lakes, besuchte zwölf europäische Länder und 370 Flugplätze mit ihr und kann die Aussagen der Stunt-Piloten aus den 30er-Jahren bestätigen: *»Das Flugzeug ist ein Glückstreffer der Konstrukteure, und entgegen der Ansicht über Spornrad-Maschinen gibt es mit der Great Lakes keinerlei Kampf zwischen dem Flugzeug und dem Piloten. Die Great Lakes fliegt sich wirklich so gut, wie sie aussieht.«*

Mittlerweile erhielt die Great Lakes von Klaus Weinem im Winter 1999/2000 eine Grundüberholung und präsentiert sich nun in neuwertigem Zustand. Die Aufnahmen auf die-

**Offen und ehrlich: Im Cockpit eines offenen Doppeldeckers wie der Great Lakes lässt sich die Oldtimer-Fliegerei besonders schön betreiben.**

Genuss pur: So wie hier bereiten Flüge mit offenen Doppeldeckern wie der Great Lakes freilich besondere Freude. Das Wetter sollte jedoch mitspielen.

sen Seiten entstanden bei den Oldtimer-Fliegertreffen auf der Hahnweide in den Jahren 1997 und 1999. Die Abbildungen zeigen die Maschine mit ihrer damaligen schwarzen sowie ihrer heutigen Lackierung nach der Grundüberholung, wie hier links im Bild zu sehen.

**Kofferraum: In diesem Außenlastbehälter – zwei davon besitzt die Great Lakes – findet bei Ausflügen selbst eine Golf-Ausrüstung Platz.**

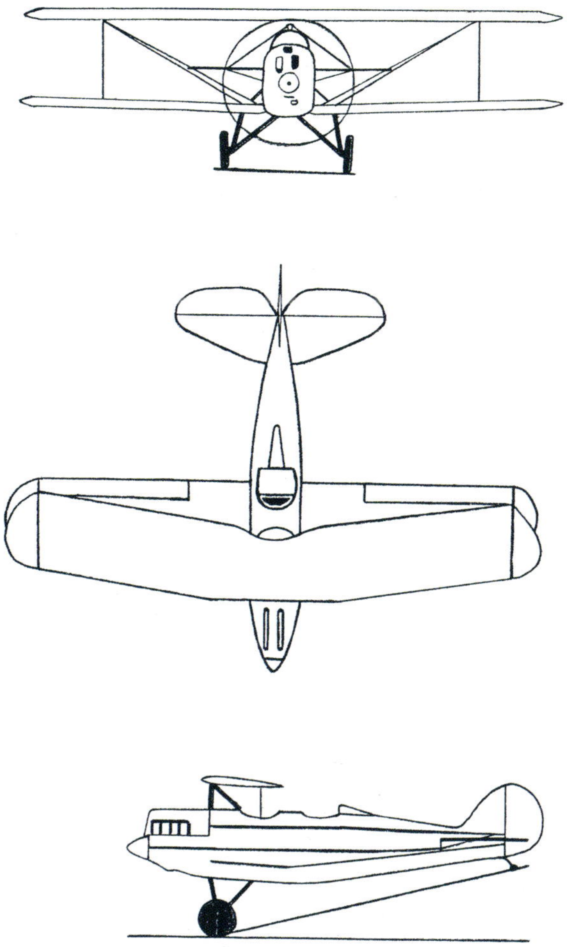

## Great Lakes 2T-1A-1

| | |
|---|---|
| **Muster:** | Great Lakes 2T-1A-1 |
| **Hersteller:** | Great Lakes Aircraft Company, Wichita, Kansas/USA |
| **Antrieb:** | Lycoming AEIO 360 B1G6-Viertakt-Boxermotor |
| **Leistung:** | 132 kW (180 PS) (Startleistung) |
| **Besatzung:** | 2 Mann |
| **Spannweite:** | 8,13 m |
| **Länge:** | 6,20 m |
| **Höhe:** | 2,39 m |
| **Flügelfläche:** | 17,43 $m^2$ |
| **Rüstgewicht:** | 560 kg |
| **Zuladung:** | 234 kg |
| **Startgewicht:** | 794 kg |
| **Flächenbelastung:** | 45,55 $kg/m^2$ |
| **Höchstgeschwindigkeit:** | 228 km/h |
| **Landegeschwindigkeit:** | 72,4 km/h |
| **Steiggeschwindigkeit:** | 5,5 m/s |
| **Reichweite:** | 550 km |
| **Dienstgipfelhöhe:** | 5200 m |

**Seltener Gast: Klaus Weinems Great Lakes gehört auf der Hahnweide seit Jahren zu den Stars unter den Doppeldeckern.**

D-ECIC

Klemm Kl 35

# BERÜHMTER TIEFDECKER

**Mit der KL 35 schuf Hans Klemm wohl seine berühmteste Maschine, die sich nicht nur in zahlreichen Film-Produktionen, sondern auch bei Kunstflug-Wettbewerben großer Popularität erfreute. Heute zählt die Maschine auf Oldtimer-Flugtagen zu den außergewöhnlichen Gästen.**

Wer den Namen Klemm erwähnt, nennt in der Regel in einem Atemzug auch das Klemm-Modell KL 35, einen offenen, zweisitzigen Tiefdecker, der heutzutage die Ursprünglichkeit des Oldtimer-Fliegens verdeutlicht, wie nur wenige Maschinen. Deshalb zählt die KL 35 auf Luftfahrtveranstaltungen unserer Tage zu den besonders geschätzten Gästen.
Die Konstruktion des berühmten Tiefdeckers geht zurück in die 20er-Jahre des vergangenen Jahrhunderts. Kurz nach Ende des Ersten Weltkrieges verdiente sich Hans Klemm zunächst bei den Daimler-Motoren-Werken in Sindelfingen bei Stuttgart als Konstrukteur seine Sporen, um sich schließlich 1926 im benachbarten Böblingen mit seiner eigenen Firma, der *Klemm Leichtflugzeugbau GmbH*, selbstständig zu machen. Zunächst schuf Hans Klemm die KL 25, einen in Holzbauweise gefertigten, freitragenden, offenen Tiefdecker mit zwei Sitzplätzen in Tandem-Anordnung, von dem – mit einem 20 PS-Aggregat motorisiert – in den Folgejahren mehr als 600 Exemplare gebaut wurden.
Im Zuge der Entwicklung entstanden von dieser Maschine Varianten mit stärkeren Motoren, die zum Teil über Schwimmerfahrwerke für den Wasserflugeinsatz oder Schneekufen für den Betrieb auf verschneiten Start- und Landebahnen verfügten.
Nach ähnlichem Strickmuster konstruierte Klemm wenig später erst die KL 26, die einen verlängerten Rumpf nebst

**Erlebnis pur: Diese Perspektive aus dem Cockpit vermittelt eindrucksvoll die Ursprünglichkeit des Fliegens mit der offenen Klemm.**

Mit null Grad V-Stellung: Den Tragflügel ließ Klemm-Eigner Paul Stein für mehr Agilität im Kunstflug auf null Grad V-Form bringen.

insgesamt verstärkter Zelle besaß, und die KL 27, die über einen vergrößerten Raum für die Besatzung verfügte. Außerdem folgten mit der 150 PS starken KL 28 und KL 30 zwei kunstflugtaugliche Muster mit dem Siemens-Halske-Sternmotor vom Typ Sh 14a, der unter anderem auch im Bücker »Jungmeister« oder im »Stieglitz« von Focke-Wulf zum Einsatz kam. Beide Klemm-Maschinen glichen in ihrem Aufbau zwar den Serienversionen KL 25 und KL 26, waren aber als preiswerte Bausatzflugzeuge für die Luftsportvereine konzipiert worden.

Im Gegensatz zur Klemm KL 25 sah Hans Klemm bei der KL 35 einen Stahlrohrrumpf anstelle der Holzkonstruktion vor, während die Tragflächen wiederum in der bewährten Holm-Rippenbauweise aus Holz entstanden. Neben der Auslegung als voll kunstflugtaugliche Sport-Maschine legte Klemm die Tragflächen der KL 35 als Knickflügel aus, der den Vorteil bot, ein niedriges und gleichsam robustes Fahrwerk zu installieren.

Neben der Basis-Version, der Klemm KL 35 A mit dem 80 PS starken Hirth HM 60 R-Motor, versah Klemm die KL 35 B zunächst mit einem 105 PS starken Hirth

**Turngerät: Besonderes Vergnügen bereitet die KL 35-160 auch heute noch im Kunstflug. Die Performance ist gut, das Flugverhalten exzellent.**

**Traumhaft schön: Die legendäre KL 35 mit dem 160 PS starken Sechszylinder-Motor gehört auf der Hahnweide fraglos zu den Stars der Vorkriegs-Maschinen.**

HM 540 A, der deutlich verbesserte Flugleistungen bot. Eine Sonderausführung der KL 35 B erreichte mit dem 160 PS starken Sechszylinder-Triebwerk Hirth HM 506 im Oktober 1938 bei einem Höhen-Rekordflug 8303 Meter. Das letzte gefertigte Bau-Los der KL 35-Serie war die KL 35 D. Die auf diesen Seiten gezeigte KL 35 D-160 wurde von ihrem Besitzer Paul Stein aufwändig restauriert. Angetrieben wird die KL 35 D-160 in dieser Version von einem Walter-Minor-6-III-Motor, einem Sechszylinder-Reihentriebwerk, das anstelle der sonst üblichen Hirth-Motoren zum Einsatz kommt. Außerdem besitzt die KL 35 D-160 von Paul Stein null Grad V-Form, also einen völlig geraden Tragflügel, der sich insbesondere für den Kunstflug vorzüglich eignet.

Der Kunstflug ist es auch, der es Paul Stein mit der KL 35 D-160 besonders angetan hat. Dafür wurde die KL 35 D-160 einst konzipiert; ihr maximales Startgewicht ist für diesen Einsatzzweck dann auf 650 Kilogramm beschränkt. Wird die KL 35 D-160 ausschließlich ohne Kunstflugmanöver bewegt, sind 780 Kilogramm als zulässige Startmasse erlaubt, was dann einer Zuladung von üppigen 300 Kilogramm entspricht. Im Kunstflugbetrieb werden beispielsweise ein Looping oder Turn aus dem Normalflug mit 210 km/h, aus dem Rückenflug mit 180 km/h eingeleitet. Eine Rolle wird mit 190 km/h geflogen, eine gerissene Rolle hingegen mit 130 km/h.

Über den Lebenslauf seiner KL 35D160 »D-ECIC« weiß Paul Stein eine ganze Menge zu berichten: *»Das Flugzeug wurde 1941 von der Firma Klemm in Böblingen gebaut. Über die unmittelbar danach folgende Verwendung liegen mir keine Unterlagen vor. Erstmals zum 19. April 1948 gibt es ein schwedisches Lufttüchtigkeitszeugnis. Die Maschine wurde seitdem mit dem Kennzeichen ‚SE-BHU' bis 1956 in Schweden geflogen. Im Juli 1956 erfolgte die deutsche Zulassung mit dem Kennzeichen ‚D-ECIC' auf die Deutsche Luftwerbung GmbH in Frankfurt/Main. Später wurde die Maschine vom Fliegerclub Oberursel im Taunus betrieben. Für einige Jahre war das Flugzeug stillgelegt, bis ich es im Februar 1968 erworben habe. Bei der Firma Hirth in Nabern wurden die nötigen Überholungsarbeiten, die Aufrüstung und die Zulassung durchgeführt. Der Erstflug erfolgte am 1. April 1968, seitdem fliege ich die Maschine. Im August 1968 unternahm ich einen Flug von Günzburg bis in den Süden von Marokko. Der Flug erfolgte ohne jegliche elektronische Ausrüstung – damals war das noch möglich. Etwa zu dieser Zeit ließ Herr Hößl aus Straubing eine Klemm bei der Firma Hirth neu aufbauen. Es wurden alle Holzteile neu gebaut, also Flügel und Leitwerke, die V-Stel-*

Die Klemm und ihr Pilot: Paul Stein besitzt und fliegt seine KL 35-160 seit mehr als 33 Jahren. Seine längste Tour führte ihn mit ihr sogar bis nach Marokko.

Rundum gelungen: Die KL 35-160 macht aus jeder Perspektive eine überaus gute Figur. Hier beim Abflug vom Oldtimer-Fliegertreffen auf der Hahnweide.

*lung der Tragflächen wurde heraus genommen. Gleichzeitig erfolgte die Umrüstung auf einen Walter-Minor-6-III-Motor mit 160 PS. Die nötigen Zulassungsformalitäten wurden von der Firma Hirth als einsitziges Kunstflugzeug KL 35 D 160 durchgeführt.*

*Ich entschloss mich, meine Klemm genau so zu ändern und erweiterte die Zulassung auf doppelsitzig. Als Kunstflugzeug ist die Maschine allerdings nur einsitzig zugelassen. Nach langer und mühevoller Arbeit erfolgte der erste Flug am 25. August 1973. Seitdem darf ich mich an dem schönen, rasanten, sensiblen aber trotz seines Alters auch sehr sicheren Flugzeug erfreuen.«*

Mit der modifizierten Klemm hat Paul Stein seine ganz persönlichen Flugerfahrungen gemacht: *»Um das Flugzeug souverän beherrschen zu können, sind gute Bremsen unerlässlich. Beim Startlauf muss die Maschine auf zwei Rädern gehalten werden, weil man sonst wegen des Drehmoments von der Bahn abkommt. Das macht den Startlauf besonders auf Asphalt empfindlich, und konzentriertes Geradeaushalten ist nötig.*

*Der Steigflug erfolgt mit 1000 Fuß pro Minute und ist einfach zu beherrschen. Im Reiseflug liegt die Maschine ruhig und stabil in der Luft, folgt aber geringsten Steuerausschlägen sofort.*

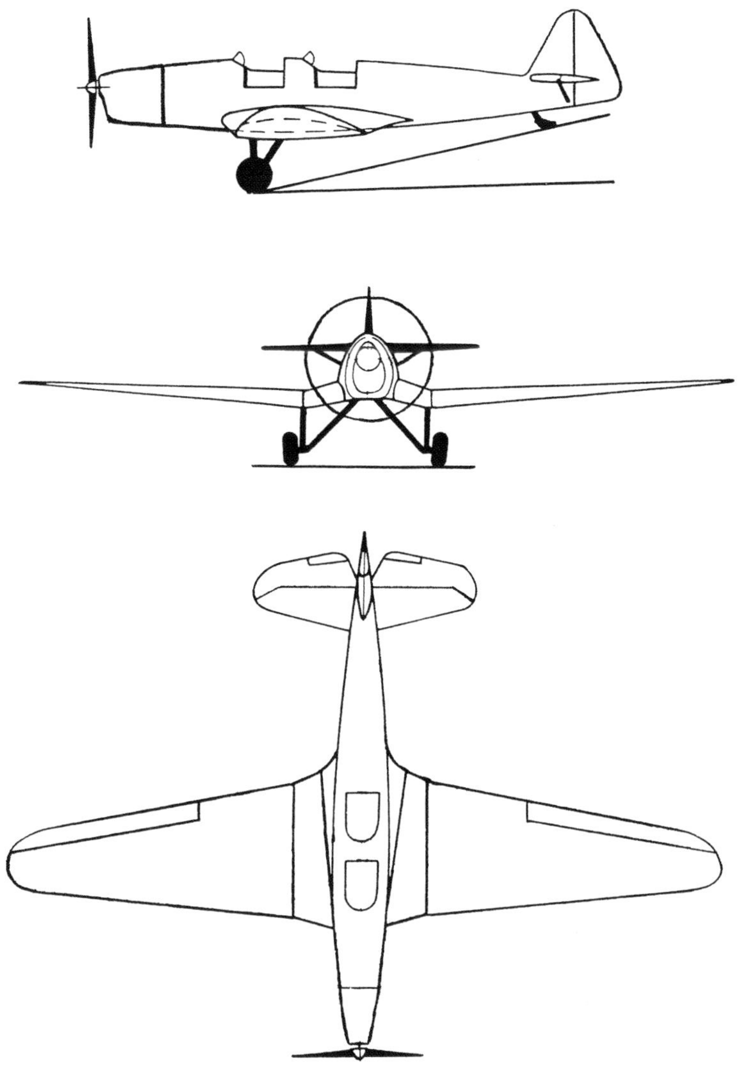

## Klemm KL 35

| | |
|---|---|
| **Muster:** | KL 35 D-160 |
| **Hersteller:** | Klemm/D |
| **Antrieb:** | Sechszylinder-Viertakt-Reihenmotor vom Typ Walter Minor 6-III |
| **Leistung:** | 118 kW (160 PS) (Startleistung) |
| **Besatzung:** | 2 Mann |
| **Spannweite:** | 10,40 m |
| **Länge:** | 7,50 m |
| **Höhe:** | 2,05 m |
| **Flügelfläche:** | 15,20 m$^2$ |
| **Rüstgewicht:** | 480 kg |
| **Zuladung:** | 300 kg (Kunstflug: 170 kg) |
| **Startgewicht:** | 780 kg (Kunstflug: 650 kg) |
| **Flächenbelastung:** | 51,3 kg/m$^2$ (Kunstflug: 42,76 kg/m$^2$) |
| **Höchstgeschwindigkeit:** | 300 km/h |
| **Landegeschwindigkeit:** | 100 km/h |
| **Steiggeschwindigkeit:** | 6 m/s |
| **Reichweite:** | 630 km |
| **Dienstgipfelhöhe:** | 5100 m |

*Beim Wechseln und Ordnen von Luftfahrtkarten in dem beengten und zugigen Cockpit wird es dann schnell recht holprig. Hier macht sich auch die fehlende V-Form der Tragflächen deutlich bemerkbar, wenngleich sich die Sicht zur Seite hin dadurch deutlich verbessert hat. Langsamfliegen, auch extrem, erfolgt sehr gutmütig und kann mit dem Seitenruder exakt beherrscht werden. Gewolltes Abschmieren aus diesem Flugzustand erfolgt sofort.*

*Eine wesentliche Umstellung erfordert der Landeanflug. Früher konnte man den Seitengleitflug mit etwas angehobener Nase durchführen. Bei dieser Methode kann wegen der fehlenden V-Stellung schon bei geringer Schräglage und vollem Seitenruder die Richtung nicht mehr gehalten werden. Abhilfe schafft das Herunternehmen der Nase, die Sicht wird besser und der Seitengleitflug stabil und wirksam. Das Abfangen erfordert wegen der dann wieder schlechten Sichtverhältnisse volle Konzentration.*

*Nach dem Aufsetzen besteht die Gefahr des Ausbrechens.*

*Als sehr zuverlässig hat sich der Walter-Minor-Motor erwiesen. Allerdings muss auch erwähnt werden, dass dem ein stetiger und hoher Wartungsaufwand gegenüber steht.*

*Durch den Neubau wurde der Oldtimer 1973 wieder zu einem neuen Flugzeug, und moderne Leime garantieren auch weiterhin eine hohe Lebensdauer.*

*Immer wieder beeindruckend ist, dass eine Konstruktion von 1935 auch heute noch hervorragend für Reise- und Kunstflug eingesetzt werden kann und dazu unvergleichlich faszinierende Flugerlebnisse bei einem Höchstmaß an Sicherheit bietet. Ich jedenfalls hatte fliegerisch nie den Eindruck, mit einem veralteten Flugzeug zu fliegen.*

*Schließlich können die Leistungen des genialen Konstrukteurs Hans Klemm nicht hoch genug gewürdigt werden, der schon damals eine solch erfolgreiche Konstruktion geschaffen hat.«*

Luscombe 8 F

# STIMMIGES KONZEPT

Die Idee vom kleinen, sparsamen Leichtflugzeug setzte in den USA die *Luscombe Aircraft Engineering Company* bereits Ende der 30er-Jahre in Form der Luscombe 8 um und schuf mit ihr eine der damals beliebtesten Maschinen dieser Art.

Mit seiner Devise »No wood, no glue, no nails« – »Kein Holz, kein Leim, keine Nägel« – trat Don Luscombe, aufbauend auf seinen Erfahrungen als General-Manager bei Monocoupe, 1932 an, um den heiß umkämpften amerikanischen Markt von Sportflugzeugen zu erobern. »Weg von der Gemischtbauweise hin zum Ganzmetallflugzeug«, lautete sein Motto. Don Luscombe hatte mit seiner 1933 in Kansas City im US-Bundesstaat Missouri gegründeten *Luscombe Aircraft Engineering Company* zunächst einen schwierigen Start. Das erste von ihm produzierte Flugzeug, die Luscombe Phantom, war zwar hochwertig ausgestattet und besaß einen 147 PS starken Warner-Super-Scarab-Sternmotor, der sie rund 270 km/h schnell machte. Doch der hohe Preis für den zweisitzigen Schulterdecker, den auch die luxuriöse Innenausstattung nicht aufwog, sowie die hohen Betriebskosten verhinderten einen reißenden Absatz. Nach nur 25 Exemplaren wurde die Produktion der Phantom eingestellt.

**Don Luscombe's Philosophie: Kein Holz, kein Leim, keine Nägel. Mit dieser Devise trat der Amerikaner zu Beginn der 30er-Jahre in den Markt der Sportflugzeuge.**

**Sparsam und zuverlässig: Als Antrieb vertraut die Luscombe 8 F auf einen 91 PS starken Continental-Vierzylinder-Boxer.**

1935 zog es die Firma an die Ost-Küste nach West Trenton in New Jersey. Dort wurde ein Backsteinhangar für 41 US-Dollar pro Monat angemietet. Die Erträge aus der Firma reichten bei Don und seinen Mitarbeitern nur für das Nötigste. Von viel Enthusiasmus getragen, schliefen sie in der ersten Zeit sogar im Hangar. Im Laufe der nächsten Jahre wurde zusätzliches Geld durch die Aufnahme eines Luftfahrttechnischen Betriebes zur Wartung anderer Maschinen verdient. Zu dieser Zeit wurden auch Aktienanteile an Angehörige zur Streckung der Kapitaldecke ausgegeben – das sollte später noch böse Folgen haben.
Ähnlich wie die Phantom war das Nachfolge-Modell, die auch als Modell 90 bezeichnete Luscombe 4, ausgelegt. Jedoch verfügte sie über einen preiswerteren Motor vom Typ Warner Scarab Junior, der nur mehr 91 PS leistete. Überdies war die Maschine kostengünstiger aufgebaut. Obwohl der Preis deutlich unter dem der Phantom lag, vermochte auch die Luscombe 4 nicht zu einem Verkaufsschlager zu werden, und so wurden von diesem Typ nicht einmal zehn Einheiten produziert. Erst mit dem darauf folgenden Modell, der Luscombe 8 – auch als Modell 50 bekannt – nahm die bislang wenig erfolgreiche Firmen-Historie eine Wendung zum Besseren.
Im Jahr 1939 kam ein neuer, 65 PS starker Motor von Continental auf den Markt, mit dem Luscombe das weiter entwickelte »Modell 8« motorisierte. Eigentlich sollte damit ein gutes neues Jahr beginnen, doch interne Schwierigkeiten der Firma brachten erneut einigen Verzug. Beeindruckt von dem Erfolg des Unternehmens hatte der Geschäftsmann Leopold Klotz unbemerkt von Don die Aktienmehrheit an der Firma erworben.

**Klassische Erscheinung: Die Luscombe 8 F präsentiert sich auch aus diesem Blickwinkel als typischer Vertreter aus den 30er-Jahren.**

Mit Hilfe eines Anwalts schleuste man einen neuen Produktionsmanager ein, der innerhalb von nur zwei Wochen die gesamte Belegschaft gegen sich aufwiegelte. Don entließ den Mann, was natürlich auch wieder Folgen mit sich brachte. Nach langem Hin und Her wurde man sich einig – zumindest vorübergehend. Die Tage von Don Luscombe als Firmendirektor waren von nun an jedoch gezählt: Mitte des Jahres musste er den Direktorenposten aufgeben, das neue Firmenmanagement bestimmten von nun an andere.
Zwar wurde bei der Luscombe 8 die Konzeption der beiden Vorgängermodelle prinzipiell übernommen, doch war die Maschine deutlich leichter aufgebaut, was die Verwendung eines schwachen aber dafür in Anschaffung, Revision und Unterhalt preisgünstigen Triebwerks gestattete.
Zunächst erhielt die Luscombe 8 einen Continental-Motor vom Typ A-50, der 50 PS leistete. Dieses Triebwerk befand sich zu dieser Zeit aber noch im Entwicklungsstadium. So dauerte es bis zum August 1938, bis die erste Luscombe 8 endlich die ersehnte Zulassung bekam.
Bei privaten Interessenten, vor allem aber bei Flugschulen weckte die neue Maschine auf Anhieb reges Interesse, und der Absatz florierte.
Zunächst entstand die Luscombe 8 A, die einen 65 PS starken Continental-Boxer vom Typ A-65 erhielt, während die Luscombe 8 B Trainer eine Schulungsversion mit einfacherer Innenausstattung war. Letztere rüstete man mit einem Avco Lycoming-Vierzylinder vom Typ O-145-B aus, der ebenfalls 65 PS leistete. Die Luscombe 8 C Silvaire de Luxe wiederum war die erste Vertreterin der beliebten Silvaire-Baureihe, ausgerüstet mit einem Continental A-75, der eine Leistung von 76 PS besaß.
Die 8 D wiederum war bis auf den Motor mit der 8 B identisch. Sie wurde ebenfalls von einem Continental A-75 angetrieben und diente als Schulungs-Maschine. Mit der 8 E Silvaire de Luxe wiederum schufen die Konstrukteure eine 8 C mit besseren Flugleistungen, indem sie die Maschine mit dem 86 PS starken Continental C-85 ausrüsteten. Als letzte in Serie gebaute Version ist die Luscombe 8 F Silvaire 90 verzeichnet, die nun mit dem 91 PS starken Continental C-90-Boxer-Triebwerk sehr ansprechende Flugleistungen zu bieten hatte.
1939 wurden 41 Exemplare des Modells »8« und 215 Maschinen des Modells »8A« gebaut. Im Folgejahr entstanden rund 500 Flugzeuge, aufgeteilt auf die Modelle 8 A, B und C. Das zivile Pilotentrainingsprogramm in Vorbereitung auf den bevorstehenden Krieg hatte deutliche Auswirkungen auf die Produktion.
Aber der weitere Verlauf des Krieges ließ die Produktion an Luscombe-Produkten zwischen 1941 und 1945 deutlich zurückgehen. Der Eigentümer Klotz verlegte die Pro-

**Formschön gestaltet: Die Hauptfahrwerksbeine sowie die Radverkleidungen der Luscombe 8 F sind ebenso hübsch wie aerodynamisch günstig geformt.**

duktion daraufhin nach Trenton in Texas, wo er größere Werkhallen errichten ließ. In dieser Zeit fertigte das Unternehmen Bauteile für die Wildcat oder Avenger. Eine von Don Luscombe für das Modell 8 konzipierte Presse sorgte bei der Produktion von Bauteilen zudem für eine enorme Zeitersparnis. 1945 zog es Klotz nach Dallas in eine neu für Luscombe gebaute Halle.

Im Jahr 1946 passte man sich dem veränderten Verhalten der Kunden an, deren Hauptwunsch jetzt Ganzmetallflächen waren. Außerdem bot das Unternehmen über das »Silveraize«-Programm Besitzern älterer Modelle den Umbau auf Metallflächen an. Dies führte dazu, dass 1946 insgesamt rund 2.500 Luscombes die Werkhallen verließen. Aus dieser Zeit stammt der Name »Silvaire«.

**Ein Hauch von Luxus: Das Cockpit der Luscombe 8 F mit seinen beiden nebeneinander angeordneten Sitzen ist sehr einladend gestaltet.**

**Völlig aus Metall: Neben Rumpf und Tragflächen ist auch die Leitwerkspartie der Luscombe 8 F völlig aus Metall gefertigt. Diese Art der Bauweise macht sie auch gegen Witterungseinflüsse unempfindlich.**

Die Entwicklung eines viersitzigen Luscombe-Modells, der Sedan, kam aber viel zu spät. Piper und Cessna waren hier um Längen voraus. Das Modell 8 wurde noch zu einer Art Beobachtungsflugzeug (8TF-Observer) weiter entwickelt und kam als Agrarmaschine zum Einsatz, dennoch war der Untergang der Firma nicht mehr aufzuhalten. Verfehlte Modellpolitik und die mächtige Konkurrenz machten die Firma 1949 zahlungsunfähig. 1950 von TEMCO übernommen, verließen nochmals rund 50 8F-Modelle die Produktionshallen, bevor 1951 erneut das Aus bekannt gegeben wurde. Zwischen 1954 und 1984 versuchten einige Enthusiasten wiederholt, die Luscombe-Produktion wieder zu beleben – leider auch ohne nennenswerten Erfolg. Rund 80 Maschinen fertigte man in mehr oder weniger modifizierter Form. Somit wurden vom Modell 8 insgesamt rund 6.000 Maschinen gebaut.

Eine Luscombe 8F diente als »Fotomodell« für dieses Buchkapitel und wird von ihrem Besitzer Thomas Schüttoff bei zahlreichen Oldtimer-Veranstaltungen vorgeflogen. Seine Maschine kam 1948 mit zwei weiteren Maschinen fabrikneu in die Schweiz. Von dort aus wurden mit ihr spektakuläre Flüge nach Afrika und Griechenland unternommen. Christian Schweizer benutzte sie am Anfang seiner fliegerischen Laufbahn und unterzog sie in den 70er-Jahren einer Totalrevision. 1989 erfolgte erneut eine Revision und 1998 erwarb sie schließlich ihr heutiger Besitzer Thomas Schüttoff.

Fliegerisch hat die Maschine einiges zu bieten: Ihr 90-PS-Conti-Motor begnügt sich bei respektablen 180 km/h Reisegeschwindigkeit mit gut 20 Litern. Ein Zusatztank bringt die Gesamtflugdauer auf über fünf Stunden plus Reserve. Ein großer »Kofferraum« und ein Heckablage ermöglichen zudem das Mitführen von einigem Reisegepäck. Die robuste Metallkonstruktion erlaubt es, den Klassiker auch mal einige Tage im Regen abgestellt zu lassen. Mit einer Landegeschwindigkeit von etwa 110 km/h ohne Klappen begnügt sich die Maschine mit etwa 250 Metern bis zum Stillstand, für einen Start vollbesetzt und getankt reicht in etwa die gleiche Strecke aus. Alles in allem also ein Flugzeug, welches sich dem Vergleich mit mancher Kunststoff-Neukonstruktion nicht zu verweigern braucht.

Als letzte überhaupt gebaute Version ist die T-8 F Observer 90 bekannt, die als Prototyp eines militärischen Beobachtungsflugzeuges mit zwei hintereinander liegenden Sitzen im Stile der Piper Cub gefertigt wurde, jedoch nicht mehr in Serie ging.

Heute, rund 60 Jahre danach, ist die Luscombe 8 F wieder erhältlich und zwar in Form der Renaissance 8F, hergestellt von John Dearden und seiner Firma Renaissance Aircraft in Cape Girardeau im US-Bundesstaat Missouri. Die weitgehende Übereinstimmung mit dem Original garantiert dabei die überwiegende Verwendung von Original-Werkzeugen, die seit 1963 eingelagert waren. Neben der Motorisierung mit einem 150 PS starken Lycoming O-320 soll später auch eine 160 PS-Version erhältlich sein, die

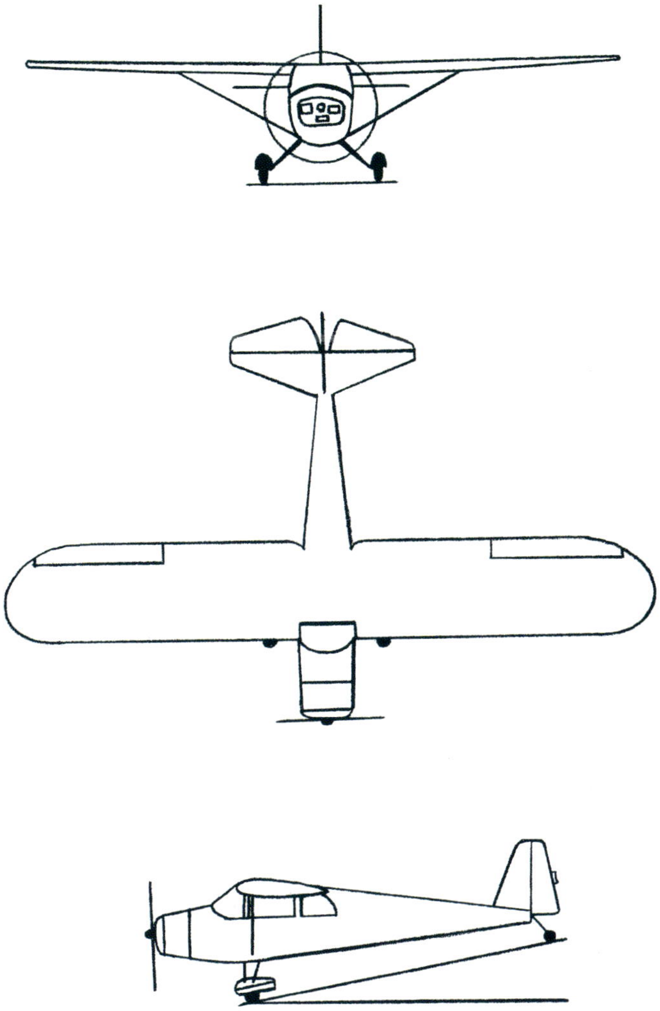

| Luscombe 8 F | |
|---|---|
| **Muster:** | Luscombe 8 F |
| **Hersteller:** | Luscombe Aircraft Engineering Company/USA |
| **Antrieb:** | Vierzylinder-Viertakt-Boxermotor vom Typ Continental C-90 |
| **Leistung:** | 67 kW (91 PS) (Startleistung) |
| **Besatzung:** | 2 Mann |
| **Spannweite:** | 10,67 m |
| **Länge:** | 6,10 m |
| **Höhe:** | 2,91 m |
| **Flügelfläche:** | 13,0 $m^2$ |
| **Rüstgewicht:** | 367 kg |
| **Zuladung:** | 268 kg |
| **Startgewicht:** | 635 kg |
| **Flächenbelastung:** | 48,85 $kg/m^2$ |
| **Höchstgeschwindigkeit:** | 196 km/h |
| **Landegeschwindigkeit:** | 90 km/h |
| **Steiggeschwindigkeit:** | 3,5 m/s |
| **Reichweite:** | 821 km |
| **Dienstgipfelhöhe:** | 4875 m |

bessere Flugleistungen als beim Original versprechen. Je nach Ausrüstung soll der Preis des Neo-Klassikers zwischen 150.000 und 200.000 Mark liegen.

**Ebenfalls Stammgast: Auch Thomas Schüttoff und seine Luscombe 8 F – hier kurz nach dem Start – gehören zu den regelmäßigen Hahnweide-Besuchern.**

## Messerschmitt Me 163 »Komet«

# NEUE ÄRA

Mit der Me 163 schuf der deutsche Hersteller Messerschmitt das erste in Serie gebaute Raketenflugzeug der Welt. Es war gleichsam die erste Maschine, die im Horizontalflug mehr als 1000 Kilometer pro Stunde erreichte.

Das Raketenflugzeug, das heute als Me 163 bekannt ist, hieß zunächst Me 194. Die Bezeichnung Me 163 wählte man aus Geheimhaltungsgründen, existierte unter diesem Kürzel doch bereits eine dem Fieseler Storch ähnliche Maschine. Und zur strengsten Geheimhaltung gab das Projekt durchaus Anlass.

Aus seinen zahlreichen Versuchen, die Alexander Lippisch mit Nurflüglern bereits 1927 auf der Wasserkuppe unternommen hatte, gingen zunächst die Delta IVd beziehungsweise DFS 39d/DFS 194 hervor, die später in Me 194 und dann, wie beschrieben, in Me 163 umbenannt wurde. Obgleich dieses Versuchsmuster zunächst nur auf eine Geschwindigkeit von 300 km/h ausgelegt worden war, erreichte es mit einem Triebwerk, das 2930 Newton Schub produzierte, auf Anhieb enorme 550 km/h.

Die ersten Versuchsflüge mit der endgültigen Me 163, die einen Holz in Leichtmetall-Schalenbauweise mit Panzerkegel zum Schutz des Piloten sowie einen mit Sperrholz

**Gut Holz: Der Nachbau der Me 163 von Josef Kurz ist vollständig aus Holz gefertigt. Ein Raketentriebwerk fehlt allerdings.**

beplankten Flügel mit Haupt- und Hilfsholm besaß, fanden 1941 statt. Dabei diente eine Me 110 als Schleppflugzeug, das die Me 163 auf ihre Ausgangshöhe für den anschließenden Gleitflug brachte. Für den Start wurde die Me 163 mit einem Abwurffahrwerk ausgerüstet. Es entstanden die Me 163 A in den Versuchs-Versionen V-1 bis V-6, die mit dem Walter-Triebwerk vom Typ HWK R II-203b mit 7,4 kN Schubleistung bestückt waren. In 10.000 Fuß Höhe gelang es damit am 2. Oktober 1941, knapp ein halbes Jahr nach dem Erstflug, eine Geschwindigkeit von 1003 km/h zu erzielen. Es folgte ein weiteres, von Hirth gebautes, antriebsloses Versuchsmuster vom Typ Me 163 A-0, von dem zehn Exemplare gebaut wurden und das als Schulgleiter diente.
Aus den gewonnenen Erfahrungen heraus entwickelte man bei Messerschmitt schließlich die Versuchsmuster V-1 bis V-6 der B-Version, die einen neuen Rumpf mit Vollsichtkanzel und ausfahrbarer Landekufe, ein geändertes Seitenleitwerk sowie das Triebwerk vom Typ R II-211 mit 17 kN Schub erhielten. Erst nach dieser Erprobungsphase ging man bei Messerschmitt mit den Vorserienmustern Ba-1 V-7 bis V-41 in Richtung Serienfertigung. Aufgrund der umfangreichen Erprobungsphase ging die Me 163 erst fast zwei Jahre später, im August 1943, in der Version B1-a, bestückt mit zwei 30-Millimeter-Kanonen und einem 15,7 kN starken Triebwerk in Serie. Und es dauerte wiederum fast ein Jahr, bis die ersten Jagdfliegerstaffeln mit der neuen Maschine ausgerüstet wurden. Allerdings waren die Einsätze von Problemen gekennzeichnet, die sich insbesondere aus der sehr kurzen Flugzeit der Maschine ergaben.
Neben der B1-a wurde auch noch die Me 163 S gebaut, ein zweisitziger Schulgleiter.
Besondere Probleme bereitete während der ganzen Me 163-Ära der Treibstoff. Die Mixtur aus T- und C-Stoff,

**Gelungene Landung: 1997 führte Josef Kurz die Me 163 erstmals auf der Hahnweide im Flug vor. Die spektakuläre Darbietung verlief problemlos.**

etwa im Verhältnis 2:1, hinter denen sich Wasserstoffperoxyd sowie eine Mischung aus Hydrazinhydrat und Methanol als Katalyt-Brennsoff verbargen, war extrem explosiv. Deshalb sorgten mitunter Undichtigkeiten im Fluge oder die üblichen in den beiden Tanks verbliebenen Restmengen bei der Landung für Explosionen.
Für den Flug auf der Me 163 bereiteten sich der Frankfurter Josef Kurz und andere Piloten auf dem Segelflugzeug »Habicht« vor, das mit reduzierten Spannweiten von zehn, acht und sechs Metern an die Geschwindigkeits- und Flugverhältnisse des Raketen-Jägers heranführen sollte. Bereits die Landegeschwindigkeit dieses »Stummel-Habichts« lag bei 100 km/h, die der Me 163 hingegen bei 170 km/h. Die Segelflug-Version der Me 163 für Schulungszwecke setzte mit etwa 140 km/h auf.
Als sich Kurz 1974 mit Lippisch auf der Wasserkuppe über die Me 163 unterhielt, fasste er den Beschluss, diese Maschine nachzubauen. Allerdings vergingen nochmals 20 Jahre, bis er endlich mit diesem Projekt beginnen konnte. Erst 1994 waren alle Bauunterlagen, Zeichnungen und Pläne beisammen.

**Segelflieger: Trotz »Echo«-Zulassung ist die Me 163 von Josef Kurz im Augenblick ein Segelflugzeug. Eine spätere Motorisierung ist aber möglich.**

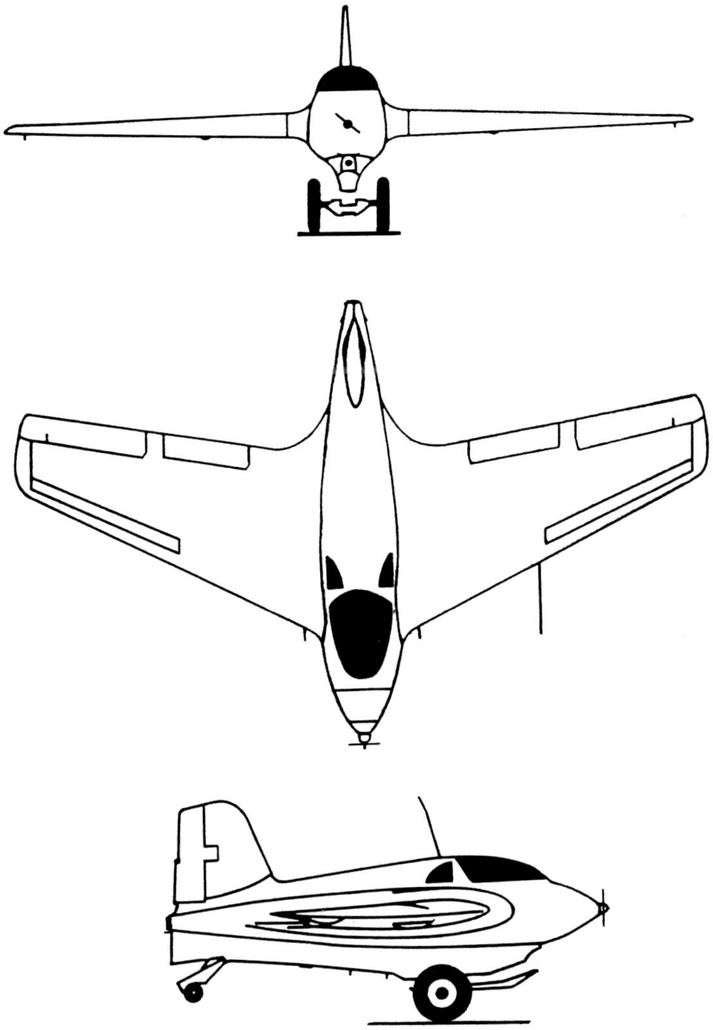

## Messerschmitt Me 163 »Komet«

| | |
|---|---|
| **Muster:** | Me 163 B-1a »Komet« |
| **Hersteller:** | Messerschmitt /D |
| **Antrieb:** | Raketentriebwerk vom Typ Walter HWK 109-509 A-2 |
| **Leistung:** | 15,7 kN (Startschub) |
| **Besatzung:** | 1 Mann |
| **Spannweite:** | 9,3 m |
| **Länge:** | 5,9 m |
| **Höhe:** | 2,8 m |
| **Flügelfläche:** | 18,50 m² |
| **Rüstgewicht:** | 1908 kg |
| **Zuladung:** | 2402 kg |
| **Startgewicht:** | 4310 kg |
| **Flächenbelastung:** | 232,97 kg/m² |
| **Höchstgeschwindigkeit:** | 955 km/h |
| **Landegeschwindigkeit:** | 170 km/h |
| **Steiggeschwindigkeit:** | 81 m/s |
| **Reichweite:** | 80 km |
| **Dienstgipfelhöhe:** | 12.000 m |

Ingenieur Siegfried Lorenz erstellte den Flügekstrak, und Dr. Ing. Bernhard Hinz übernahm die notwendigen Berechnungen und Begutachtungen. Er fertigte auch das erste Gutachten zusammen mit Oskar Ursinus Vereinigung (OUV)-Prüfer Carl Chaloupeck an, und das Luftfahrt-Bundesamt in Braunschweig genehmigte schließlich den aufwändigen Nachbau.
Im Gegensatz zum Original ist die Me 163 B von Josef Kurz vollständig in Holzbauweise gefertigt. So besitzt der Rumpf Spanten und Gurte sowie verstärkte Knotenpunkte und ist mit 1,5 Millimeter starkem, verleimtem Birkensperrholz beplankt. Das Tragwerk besteht wie beim Original ebenfalls aus Holz und verfügt über zwei Holme, sowie feste Vorflügel, die der Me 163 zu relativ guten Flugeigenschaften auch bei niedrigen Tempi verhalfen sowie Querruder und Trimmklappen. Jede Tragflächenhälfte ist mit vier Anschlussbeschlägen an das Rumpf-Mittelstück angeschlossen.
Das Seitenleitwerk ist auf dem Rumpfende aufgesetzt, verschraubt und verleimt, und die Querruder sind gleichzeitig als Höhenruder wirksam.
Der Antrieb der Handsteuerung erfolgt über den Steuerknüppel, die Fußsteuerung arbeitet über Pedale, wobei die Steuereingaben über Stoßstangen und Seilzüge übertragen werden.
Josef Kurz demonstrierte die Me 163 im September 1997 beim 9. Oldtimer-Fliegertreffen auf der Hahnweide, wo sie zweifellos eine der Haupt-Attraktionen darstellte. Heute ist dieses Flugzeug bei der Messerschmitt-Stiftung in Manching zu besichtigen.

## Piper PA-18-150 Super Cup

# FLIEGENDE LEGENDE

Kaum ein Leichtflugzeug wurde bei den Piloten bis heute so geschätzt wie die Piper PA-18 Super Cub. Ob es die extrem gutmütigen Flugeigenschaften, die günstigen Unterhaltskosten oder das universelle Einsatzspektrum sind – die PA-18 Super Cub leistete sich in keiner Disziplin eine wirkliche Schwäche.

Zweifellos das berühmteste Flugzeug aus dem Hause Piper ist die PA-18 Super Cub. Auf dem leichten, handlichen Hochdecker absolvierten ganze Generationen von Piloten ihre Flugausbildung.
Entstanden war die PA-18 Super Cub 1949 als Nachfolge-Modell der PA-11 Cub Special, die als zivile »Sparversion» der Militärvariante L-4 Grashopper 1947 auf den Markt kam. Obwohl damals zahlreiche ausgediente Militärmaschinen angeboten wurden, zogen nicht wenige Kunden diese Neumaschine den gebrauchten Militär-Exemplaren vor. Allerdings erwiesen sich die Flugleistungen mit dem 65 PS starken Continental-Motor vom Typ A-65-8 als recht bescheiden. Für die PA-11 Cub Special sprach damals vor allem ihr günstiger Preis von 2495 US-Dollar. Die erste Piper PA-18 Super Cub war mit einem 95 PS starken Continental-Boxermotor vom Typ C-90-8F ausgerüstet. Dementsprechend hieß die vollständige Typenbezeichnung dieser Maschine PA-18-95 Super Cub. Wie die PA-11 Cub Special besaß auch die PA-18 Super Cub eine Motor-Cowling aus Aluminiumblech und war ebenfalls als abgestrebter Hochdecker mit Spornradfahrwerk ausgelegt. Den Rumpf bildete eine Stahlrohr-Konstruktion mit Stoffbespannung, die zwei hintereinander angeordnete Sitze sowie eine große, zweigeteilte Tür auf der rechten Seite besaß. Das Tragwerk bildeten Holme und Rippen aus Leichtmetall. Diese Baugruppe war ebenso mit Stoff bespannt, wie das in Normalbauweise ausgeführte Leitwerk.

**Piper am Fuße der Teck: Einer der Höhepunkte beim Oldtimer-Fliegertreffen auf der Hahnweide ist zweifellos die Piper-Formation, die sich aus Super Cubs sowie J-3C zusammenfügt.**

**Piper, so weit das Auge reicht: Eine Vielzahl unterschiedlicher Piper-Typen findet sich Jahr für Jahr beim traditionellen Treffen wie hier in Konstanz ein. Der meist anzutreffende Typ ist freilich die Super Cub.**

Im Gegensatz zur optisch sehr ähnlichen J-3C Cub besaß die PA-18 jedoch Landeklappen, die das Flugzeug zu einer echten STOL-Maschine mit »Short-take-off-and-landing«-Eigenschaften machten und sie damit gerade für den Einsatz auf Landeplätzen mit kurzen Startbahnen prädestinierten.
Das Fahrwerk der PA-18 Super Cub war ebenfalls eine bekannte Konstruktion. Während am Rumpfende wie bisher ein Spornrad angebracht war, wurde das Hauptfahrwerk als starre Konstruktion mit Gummi-Federelementen ausgelegt. Einzeln zu betätigende Bremsen an den beiden Hauptfahrwerksrädern sorgten für sichere Rolleigenschaften und problemloses Handling am Boden.
Wie universell der Einsatzbereich der Piper PA-18 Super Cub angelegt war, zeigt noch heute die unterschiedliche Nutzung dieses Flugzeugtyps durch ihre Piloten.

**»Buschflieger« im Schwäbischen: Diese PA-18 Super Cub gastierte auf dem Oldtimer- und Dampfmaschinen-Treffen 1995 auf dem Eisberg bei Münsingen, wo sie unter anderem als Schleppmaschine für die Gö-1 »Wolf« diente.**

**»Invasion« in Konstanz: Eine stattliche Super Cub-Formation gehörte zu den Highlights des Piper-Treffens 1999 in Konstanz am Bodensee.**

So besitzt die PA-18 Super Cub etwa in Luftsport-Vereinen bis heute als Schleppmaschine für Segelflugzeuge einen exzellenten Ruf – vorausgesetzt, sie verfügt über eine entsprechend kräftige Motorisierung. Neben der 95 PS starken Version entstanden auch PA-18 Super Cub mit 135 PS, 150 PS oder gar 180 PS Leistung. Insbesondere die 150 PS starke Version fand große Verbreitung und avancierte bei den Piloten zu einer begehrten Maschine.
Die kräftigen Super-Cub-Exemplare eigneten sich neben dem F-Schlepp auch vorzüglich für den Banner-Schlepp, und etliche Werbeunternehmen vertrauten der Super Cub derartige Werbeaufträge an. Spektakuläre Einsätze leistet die PA-18 Super Cub bis heute auch im Bereich der Gletscher-Fliegerei, wo sie, mit einem Schneekufen-Fahrwerk ausgerüstet, selbst hoch gelegene alpine Regionen anfliegt.

**Der Klassiker schlechthin: Eine Piper PA-18 Super Cub war zu ihrer Zeit ein exzellentes Schulungsflugzeug. Heute ist sie ein mehr und mehr gesuchter Klassiker für den Liebhaberpreise bezahlt werden.**

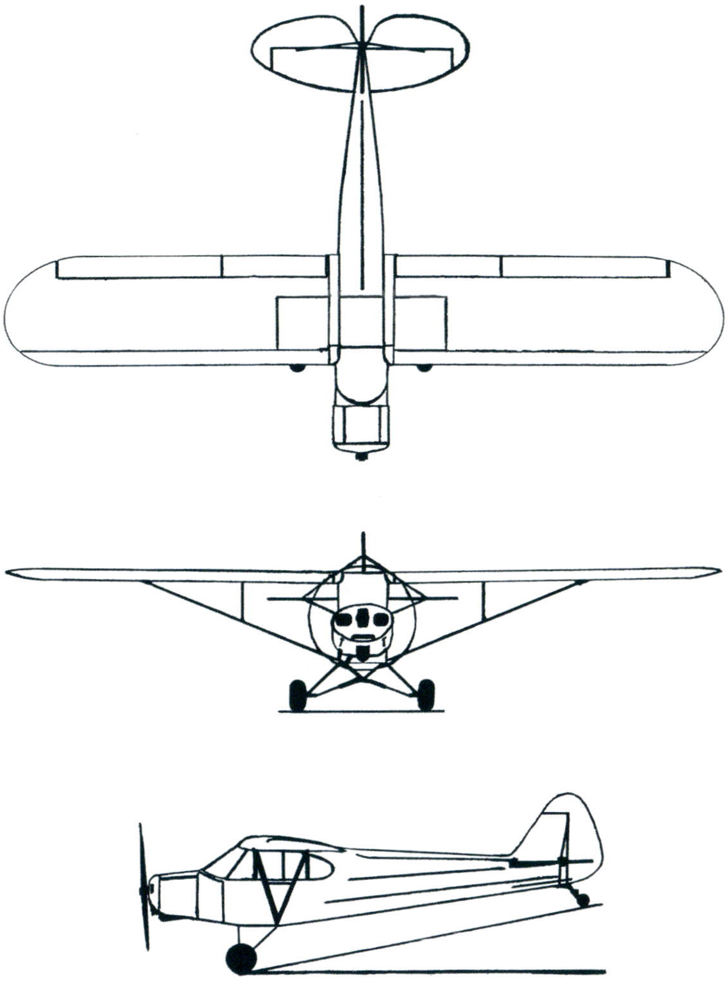

## Piper PA-18-150 Super Cup

| | |
|---|---|
| **Muster:** | PA-18 Super Cub |
| **Hersteller:** | Piper/USA |
| **Antrieb:** | Vierzylinder-Viertakt-Boxermotor vom Typ Lycoming O-320 |
| **Leistung:** | 110 kW (150 PS) (Startleistung) |
| **Besatzung:** | 2 Mann |
| **Spannweite:** | 10,73 m |
| **Länge:** | 6,88 m |
| **Höhe:** | 2,04 m |
| **Flügelfläche:** | 16,58 $m^2$ |
| **Rüstgewicht:** | 446 kg |
| **Zuladung:** | 348 kg |
| **Startgewicht:** | 794 kg |
| **Flächenbelastung:** | 47,13 $kg/m^2$ |
| **Höchstgeschwindigkeit:** | 209 km/h |
| **Landegeschwindigkeit:** | 74 km/h |
| **Steiggeschwindigkeit:** | 6,0 m/s |
| **Reichweite:** | 740 km |
| **Dienstgipfelhöhe:** | 5790 m |

Außer für die Pilotenausbildung und den Flugsport in Vereinen machte sich die PA-18 Super Cub auch als Überwachungsflugzeug für allerlei Einsatzzwecke einen Namen. So diente sie etwa zur Beobachtung von Erdöl-Pipelines und Waldbränden, flog Bergrettungseinsätze oder begleitete Expeditionen.
Heute ist die PA-18 Super Cub auf jedem Oldtimer-Fliegertreffen nicht nur ein gern gesehener, sondern auch zahlenmäßig stark vertretener Gast. Insgesamt wurden mehr als 6300 Einheiten dieses Typs in mehr als 20 verschiedenen Versionen gefertigt, und so existieren auch heute noch zahlreiche, zum Teil sehr gut gepflegte Exemplare.
In Deutschland finden sich freilich auch beim Oldtimer-Fliegertreffen auf der Hahnweide immer wieder zahlreiche PA-18 Super Cub ein, die dann – zusammen mit anderen Piper-Mustern wie der J-3C Cub, der dreisitzigen J-5A Cruiser oder der PA-12 Super Cruiser und der PA-22 Tri Pacer mit Dreibein-Fahrwerk – zu einem eindrucksvollen Formationsflug abheben.
Nicht zuletzt sei das Piper-Treffen hierzulande erwähnt, das der Autor 1999 besuchte. In jenem Jahr fand es im schwäbischen Konstanz am Bodensee statt und versammelte die Schar der Piper-Freunde um sich. Einige der Aufnahmen für dieses Kapitel entstanden bei dieser familiären Veranstaltung der Piper-Szene.

**Der Bär als Cub-Symbol: Anlässlich des Piper-Treffens musste dafür sogar der Backofen in Aktion treten.**

Pitts S-1S Special

# SPORT-GERÄT

Mit der Pitts Special in ihren verschiedenen Versionen entstand in den 40er-Jahren des vergangenen Jahrhunderts ein legendäres Kunstflugzeug, das bis heute nichts von seiner Faszination eingebüßt hat.

Wer vom Motor-Kunstflug spricht, erwähnt praktisch im selben Atemzug die berühmte Pitts, den kleinen amerikanischen Doppeldecker, der zum Inbegriff des *Aerobatic-Biplanes* schlechthin wurde.
Entworfen wurde die Pitts Special in ihren Grundzügen bereits 1943; der erste Prototyp hob 1944 ab. Zunächst reichte bei der Motorisierung das Geld von Konstrukteur Curtiss Pitts nur für einen Lycoming-Vierzylinder-Boxermotor mit einer Leistung von 55 PS, den er wegen eines Defektes günstig kaufen konnte und wieder in Stand setzte. Wenig später folgte mit dem Einbau eines 90 PS leistenden Franklin-Motors jedoch ein spürbar stärkeres Triebwerk. 1947 rüstete Curtiss Pitts seine Special mit der Werk-Nummer 2 schließlich mit einem 85 PS starken Continental-Vierzylinder vom Typ C-85-F5 aus und verkaufte die Maschine an die amerikanische Kunstfliegerin Betty Skelton, die ihr neues Flugzeug »Little Stinker – kleiner Stinker« taufte. Die Abbildung eines kleinen Stinktieres zierte auch den Rumpf des kleinen doch trotzdem leistungsfähigen Kunstflugzeuges. Mit dem »Little Stinker« wurde Betty Skelton 1948, 1949 und 1950 Internationale Kunstflug-Meisterin bei den Damen und verhalf dem Pitts-Doppeldecker auf diese Weise zu einem fantastischen Einstand.

**Klein aber oho: Die kleine Pitts S-1S mit nur 5,25 Metern Spannweite lehrt im Kunstflugbetrieb so manch stattlicheren Maschine das Fürchten. Hier ist Pilot Ulrich Schell zu Gast beim Oldtimer-Flugtag in Hilzingen 1998.**

**Akrobat schön: Der Kunstflug in seiner ganzen Breite ist die Domäne der extrem wendigen und leistungsstarken Pitts S-1S. Das Programm von Ulrich Schell ist obendrein ein Genuss.**

Während Konstrukteur Curtiss Pitts den rasanten Doppeldecker zunächst in einer kleinen Serie auflegte, machte er die Bau-Unterlagen wenig später auch dem enthusiastischen Kreis der Amateur-Flugzeugbauer zugänglich. So entstanden im Laufe der Jahre in den heimischen Werkstätten und Garagen zahlreiche Homebuild-Pitts.
Im Jahr 1976 verkaufte Curtiss Pitts schließlich seine Produktions- und Verkaufsrechte und gründete wenige Monate später in Afton im US-Bundesstaat Wyoming die Firma *Pitts Aerobatics*, bei der fortan Pläne und Bausätze für die beliebten Doppeldecker entstanden.

**Bitte nicht ganz voll machen: Für den Kunstflug ist die Zuladung der Pitts S-1S laut Flughandbuch um 42 Kilogramm reduziert.**

**Power-Plane: 182 PS haben mit nur 372 Kilogramm Rüstgewicht und 150 Kilogramm Zuladung leichtes Spiel. Steiggeschwindigkeiten von bis zu 17 Metern pro Sekunde sind das Resultat.**

Mit der S-1S Special entwickelte Curtiss Pitts einen sehr kleinen, einsitzigen Doppeldecker, der traditionell mit Spornradfahrwerk ausgerüstet und in Gemischtbauweise aufgebaut war. So bestand der Rumpf aus einer Stahlrohr-Konstruktion mit Stoffbespannung. Die in herkömmlicher Holzbauweise hergestellten Tragflächen waren über Stile miteinander verbunden und in bekannter Doppeldecker-Manier verspannt. Wie es sich für ein vollwertiges Kunstflugzeug geziemt, verfügte die S-1S Special über die unerlässlichen Treibstoff- und Öl-Führungssysteme, die die Versorgung des 182 PS starken Lycoming-Vierzylinders mit seinen sechs Litern Hubvolumen auch in den Rückenflug-Phasen sicher stellten.
Ulrich Schell im bayrischen Mindelheim bewegt seine S-1S Special mit der deutschen Registrierung »D-EHRL« seit vielen Jahren bei Wettbewerben und auf Flugtagen, wo er in der maximal 330 km/h schnellen S-1S sowohl mit exzellenten Kunstflug-Darbietungen aber auch mit spektakulären Schleppflügen sein Publikum fasziniert. So schleppt Ulrich Schell hinter seiner Pitts etwa gleich zwei Segel-Kunstflugzeuge vom Typ Lo 100, und selbst Modellflugzeuge konnte man am Schleppseil seiner S-1S Special schon beobachten. Im Extremfall erlaubt die S-1S von Ulrich Schell eine maximale Schleppmasse von gewaltigen 850 Kilogramm, was dann sogar für die schönsten und größten »Super-Orchideen« unter den Segelflugzeugen ausreicht. Mit maximal 522 Kilogramm Startmasse und 480 Kilogramm Gewicht für den Kunstflugbetrieb haben die 182 PS des Lycoming-Vierzylinders freilich leichtes Spiel, und so ermöglicht die S-1S ihrem Piloten im Extremfall die enorme Steiggeschwindigkeit von 17 m/s, gemessen auf Meereshöhe. Leistung ist in diesem kleinen Gerät also niemals ein Thema.

**Bitte anziehen: In das enge Cockpit der S-1S steigt man nicht einfach ein – man zieht es sich an. Ein hautnaher und unmittelbarer Kontakt zum Flugzeug ist der Gegenwert.**

Die schönste Pitts? Viele Luftfahrt-Enthusiasten halten die S-1S für den harmonischsten Pitts-Doppeldecker.

Obgleich mit derart hervorragenden Flugleistungen ausgestattet, führte die Entwicklung der Pitts-Doppeldecker dennoch rasch zu leistungsstärkeren Versionen, zunächst noch mit Vier-, später auch mit Sechszylinder-Motoren. Freilich entstanden auch zweisitzige Versionen, die die Mitnahme eines Passagiers beziehungsweise die Kunstflug-Schulung erlaubten. Bekannte Muster sind insbesondere die S-2A, die über einen zweiten Sitzplatz verfügte, jedoch noch von einem Vierzylinder-Lycoming-Boxer angetrieben wurde oder etwa die S-2B, die ebenfalls die Mitnahme eines kunstflug-resistenten Passagiers ermöglichte, jedoch bereits auf einen 260 PS starken Sechszylinder-Motor von Lycoming vertraute.
Selbst heute, fast 60 Jahre nach dem Entwurf der allerersten Pitts, ist der kleine aber feine Doppeldecker aus der Welt des Kunstfliegens nicht wegzudenken. Ganz im Gegenteil – auch wenn seine Konkurrenzfähigkeit gegenüber den modernen Kunstflug-Mustern wie etwa einer Extra 300 oder Cap 232 etwas gelitten hat, finden sich die Pitts zur großen Freude des Publikums nach wie vor auf den Ergebnislisten der Wettbewerbe wieder. Entgegen den zweifellos leistungsfähigen Tief- und Mitteldecker-Konstruktionen ist und bleibt eine Pitts eben etwas ganz Besonderes. Ein fester Platz in den Programmen von Airshows, Wettbewerben und Fliegertreffen dürfte ihr deshalb wohl noch auf viele Jahre hinaus reserviert bleiben.

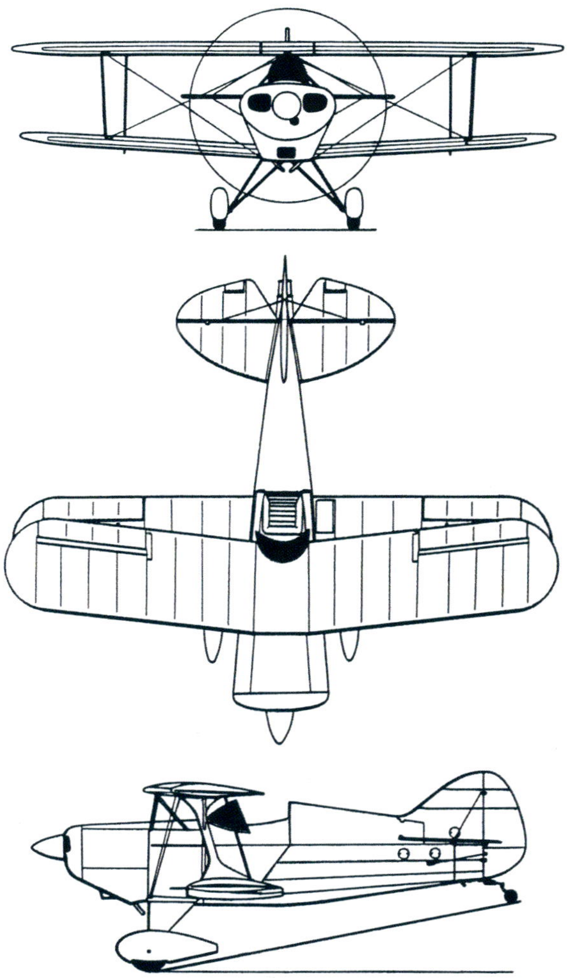

## Pitts S-1S Special

| | |
|---|---|
| **Muster:** | S-1S Special |
| **Hersteller:** | Pitts/USA |
| **Antrieb:** | Lycoming-Vierzylinder-Viertakt-Boxermotor vom Typ IO-360-B4A |
| **Leistung:** | 134 kW (182 PS) |
| **Besatzung:** | 1 Mann |
| **Spannweite:** | 5,25 m |
| **Länge:** | 4,40 m |
| **Höhe:** | 1,70 m |
| **Flügelfläche:** | 9,15 $m^2$ |
| **Rüstgewicht:** | 372 kg |
| **Zuladung:** | 150 kg |
| **Startgewicht:** | 522 kg (Kunstflug: 480 kg) |
| **Flächenbelastung:** | 52,5 $kg/m^2$ |
| **Höchstgeschwindigkeit:** | 330 km/h |
| **Landegeschwindigkeit:** | 110 km/h |
| **Steiggeschwindigkeit:** | 17,0 m/s |
| **Reichweite:** | 500 km |
| **Dienstgipfelhöhe:** | 7500 m |

**Multi-Talent: Doppelschlepps, wie hier mit zwei Lo-100, sind die Spezialität von Ulrich Schell und seiner Pitts S-1S. Selbst Modellflugzeuge wurden schon geschleppt.**

Polikarpov U-2/Po-2

# DER SCHULMEISTER

N230PW

Mit gutmütigen Flugeigenschaften sowie geringen Wartungs- und Reparaturkosten erwarb sich die Polikarpov U-2/Po-2 vor rund 70 Jahren einen hervorragenden Ruf. Sie gilt zudem als eines der meistgebauten Flugzeuge überhaupt.

Auf eine Ausschreibung der sowjetischen Luftwaffe im Jahre 1926 hin entwickelte man bei Polikarpov einen Doppeldecker. Das neue Flugzeug erfüllte die geforderten Kriterien jedoch nicht. Daher entwarf der russische Flugzeug-Konstrukteur Nikolai N. Polikarpov bereits wenig später einen Doppeldecker – die legendäre U-2/Po-2 war geschaffen. Bereits am 7. Januar 1928 absolvierte die Maschine in Form des Prototypen U-2 TPK ihren Erstflug. Die U-2 war in puncto Wartung und Reparatur ein extrem kostengünstig konzipiertes Flugzeug. Deshalb vertraute man nicht nur auf Holz als Werkstoff, sondern legte die

**Praktikabler Transport: Die Polikarpov Po-2 wurde hier auf einem offenen Anhänger zur Hahnweide gebracht.**

**Fünf Wichtige: Der Schulungs-Doppeldecker wird von einem 100 PS starken Fünfzylinder-Viertakt-Sternmotor angetrieben.**

**So war das damals: Ventile nebst Stoßstangen des M-11-Motors laufen offen. Die Auspuffanlage erschöpft sich in kurzen Krümmerrohren.**

Tragflächen auch untereinander austauschbar an. Ruderanschlüsse, Verbindungsbeschläge und die Querruder waren sämtlich identisch.

Wie umfangreich seine fliegerischen Einsatzmöglichkeiten waren, bewies der aus Holz gefertigte Doppeldecker, der einen im vorderen Teil beplankten und im hinteren Abschnitt bespannten Rumpf besaß, zunächst im Einsatz für die Anfänger-Schulung. Dort begeisterte die Maschine unter anderem durch ihre extrem kurze Startrollstrecke von nur 65 Metern, und selbst für die Landung reichte ein Gras-Strip von gerade Mal 100 Metern Länge.

Zwölf Jahre später, bei Ausbruch des Zweiten Weltkrieges, wurde der Doppeldecker zudem als leichter Nachtbomber U-2WS eingesetzt. In Form der U-2 NAK diente er schließlich als Nacht-Artellerie-Flugzeug und in der Version U-2 GN wiederum als Verbindungs-Maschine sowie unter der Typenbezeichnung U-2 SchS als fünfsitziger Transporter. Später fand die U-2 in der Landwirtschaft Verwendung, und als »SP«-Version beförderte sie außerdem Passagiere. Die »S«-Variante kam schließlich als Sanitäts-Transporter zum Einsatz, bei dem das hintere Cockpit durch eine geschlossene Kabine für einen Sanitäter sowie ein Abteil mit einer Liege für den Krankentransport zurecht gemacht wurde.

Zur Erinnerung an seinen Konstrukteur hatte die sowjetische Regierung den Doppeldecker bereits 1944 in Po-2 umbenannt. Zu dieser Zeit diente er nicht nur als Absetzmaschine für Fallschirmspringer, sondern konnte mit einem Schwimmer-Fahrwerk auch als Wasserflugzeug einge-

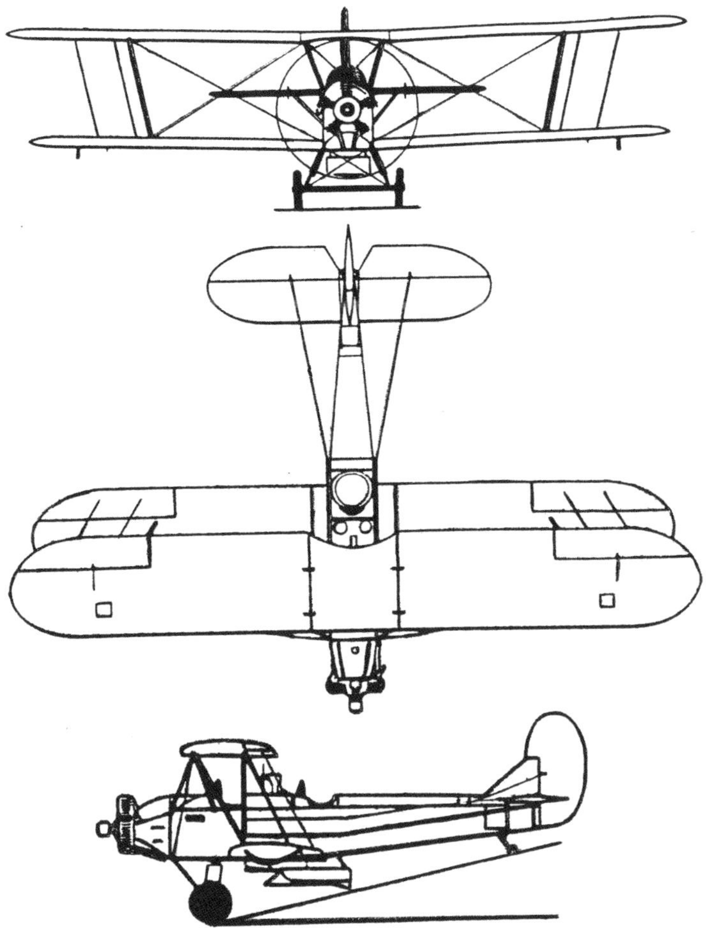

## Polikarpov U-2/Po-2

| | |
|---|---|
| **Muster:** | U-2/Po-2 |
| **Hersteller:** | Polikarpov/UdSSR |
| **Antrieb:** | Fünfzylinder-Viertakt-Sternmotor vom Typ M-11 |
| **Leistung:** | 74 kW (100 PS) (Startleistung) |
| **Besatzung:** | 2 Mann |
| **Spannweite:** | 11,40 m |
| **Länge:** | 8,17 m |
| **Höhe:** | 3,10 m |
| **Flügelfläche:** | 33,15 $m^2$ |
| **Rüstgewicht:** | 635 kg |
| **Zuladung:** | 255 kg |
| **Startgewicht:** | 890 kg |
| **Flächenbelastung:** | 26,85 kg/$m^2$ |
| **Höchstgeschwindigkeit:** | 146 km/h |
| **Landegeschwindigkeit:** | 70 km/h |
| **Steiggeschwindigkeit:** | 2,5 m/s |
| **Reichweite:** | 450 km |
| **Dienstgipfelhöhe:** | 3800 m |

setzt werden. Bei dieser Version wurde das Hauptfahrwerk mit durchgehender Radachse durch einen großen Zentralschwimmer sowie Stützschwimmer an den Tragflächen ersetzt. In dieser Form flog die Po-2 sogar noch im Korea-Krieg. Ausgerüstet mit Mikrofon und Lautsprecher setzten die Sowjets die U-2 zudem als Nachtstör- und Propaganda-Flugzeug ein. Bei der U-2G wurde sogar die Kopplung von Höhen-, Seiten- und Querruder kurze Zeit erprobt, was sich jedoch nicht bewährte.
Zwischen 29.000 und 40.000 Einheiten – eine exakte Zahl nennen die verschiedenen Veröffentlichungen dazu nicht – der U-2 beziehungsweise Po-2 wurden hergestellt, was unter anderem den problemlosen Flugeigenschaften sowie der guten Bedienbarkeit zuzuschreiben ist. Allein die extrem geringe Landgeschwindigkeit machte sie im Schulungsbetrieb populär, und obendrein war die Maschine auch noch mit einfachen Mitteln zu warten.
In Lizenz wurde die Polikarpov U-2/Po-2 von 1948 bis 1954 zudem in Polen als CSS-13 hergestellt. Aus dieser Fertigung stammt die auf diesen Seiten abgebildete Maschine aus Ungarn, die sowohl beim Oldtimer-Fliegertreffen auf der Hahnweide als auch beim Oldtimer-Meeting in Hilzingen gastierte.
Neben dem 100 PS starken M-11-Fünfzylinder-Sternmotor baute man in Jugoslawien einige Exemplare der Po-2 auf tschechische Walter-Triebwerke um.

INTERFLUG

P.Z.L. 106 AR Kruk

# TRAKTOR DER LÜFTE

Wenn die P.Z.L. 106 AR Kruk heute eine Air-Show besucht, wird ein Stück Luftfahrtgeschichte der DDR wieder lebendig. Dort diente die Maschine als Agrar-Flugzeug.

Die Buchstaben P.Z.L. stehen für *Panstwowe Zaklady Lotnicze*, einer 1928 in Warschau gegründeten staatlichen Flugzeugfabrik, die unter der Leitung der Ingenieure Pulawski, Zalewski und Dabrowski zahlreiche Zivil- und Militärflugzeuge fertigte. Im Zuge der Verstaatlichung vor dem Zweiten Weltkrieg wurde der P.Z.L. 1932 zunächst die PWS (*Podlaska Wytwornia Samolotow*) sowie 1935 auch *Plage und Laskiewicz* in Lublin einverleibt. Mit der Ausdehnung des Unternehmens auf zahlreiche Fertigungsstätten für Motoren, Flugzeuge und Hubschrauber avancierte P.Z.L. zum größten und schließlich einzigen polnischen Hersteller. Seit 1975 trugen alle in Polen gefertigten Maschinen das P.Z.L.-Markenzeichen.

Mit der P.Z.L. 106 AR Kruk schuf das Unternehmen 1972 schließlich eine neue landwirtschaftlich orientierte Maschine in Form eines abgestrebten Tiefdeckers mit Spornradfahrwerk, der zunächst über ein T-Leitwerk verfügte und die Typenbezeichnung P.Z.L. 106 erhalten hatte. Angetrieben wurde diese erste Version von einem 405 PS starken Avco Lycoming-Motor vom Typ IO-720, der auch in den folgenden fünf Versuchsmustern zum Einsatz kam. Vier weitere Versuchsmaschinen erhielten den später auch in der Serienproduktion verbauten P.Z.L. 3S-Sternmotor aus eigener Fertigung, der 600 PS leistete.

Als 1976 die Serienfertigung der Kruk – was auf Polnisch übrigens »Rabe« heißt – begann, unterschied sich die Maschine in erster Linie durch ihr nun herkömmliches Kreuzleitwerk vom Prototypen. Diese Auslegung behielten auch die folgenden Serienmuster.

Bei der P.Z.L. 106 AR kam der Getriebemotor P.Z.L. 3SR zum Einsatz, der gleichzeitig einen größeren Propeller erlaubte. Weitere Muster erhielten gar den 1000 PS starken Schwetsow-Sternmotor vom Typ ASz-62IR, wohingegen die 1981 erstmals geflogene P.Z.L. 106AT mit einer 771 Wellen-PS starken Pratt & Whitney-Turbine vom Typ

**Mächtiger Brummer: Als Antrieb dient der Kruk ein 600 PS starker Siebenzylinder-Sternmotor. Das maximale Abfluggewicht liegt bei drei Tonnen.**

Gute Aussichten: Das Cockpit der Kruk ist für gute Sichtverhältnisse üppig verglast. Gegen das Eindringen von Sprühchemikalien war es besonders gut abgedichtet.

PT6A-34AG ausgerüstet wurde. Im Jahr 1981 erhielt die Kruk in Form der P.Z.L. 106B mehr Spannweite und löste damit die bisherige Bauserie ab. 1985 folgte die P.Z.L. 106BT Turbo-Kruk. Diese Version verfügte über eine tschechische Motorlet-Propeller-Turbine vom Typ Mg01D mit 730 Wellen-PS Leistung und stärker nach hinten gepfeilte Tragflächen, ein höheres Seitenleitwerk sowie einen größeren Sprühtank. Bis zur Wende 1989 verließen rund 250 Einheiten der Kruk die Werkhallen, schließlich wurde 1992 die Produktion eingestellt.

Dieter Gehling, Inhaber eines luftfahrttechnischen Betriebs im westfälischen Stadtlohn besitzt einen der überlebenden »Air-Traktoren« aus dieser Zeit und besuchte mit ihm unter anderem bereits mehrmals das Oldtimer-Fliegertreffen auf der Hahnweide. Besonders spektakulär bei seinen Flugvorführungen ist das Entleeren des rund 500 Liter fassenden Chemikalien-Tanks, der heutzutage natürlich mit Wasser befüllt wird und bei Air-Shows zu Feuerlösch-Demonstrationen dient. Außerdem belies Dieter Gehling die Sprühanlage mit ihren 90 Düsen im ursprünglichen Zustand und kann damit den einstigen Einsatz des Flugzeuges bei der Schädlingsbekämpfung ebenfalls eindrucksvoll demonstrieren.

Der Luft-Traktor: Die P.Z.L. 106 AR Kruk spiegelt auf Oldtimer-Treffen, wie hier auf der Hahnweide, die Ära der Sprühflugzeuge in der ehemaligen DDR wider.

Seine Kruk erwarb er einige Jahre nach der Wende in desolatem Zustand. Nach dem Fall der Mauer und der Auflösung des DDR-Luftfahrtunternehmens *Interflug* wurden sämtliche P.Z.L. Kruk ausgemustert und bis auf vier Exemplare, die in Museen wanderten, entweder nach Nord- und Mittelamerika verkauft oder sogar verschrottet.
Dieter Gehlings Maschine war bereits zerlegt und sollte ursprünglich nach Venezuela verschifft werden. Stattdessen stand sie mehrere Jahre auf einer Wiese des Flugplatzes Anklam und wartete auf die Verschrottung.
Der Westfale rettete sie schließlich davor und restaurierte das Flugzeug innerhalb von nur sechs Monaten in Magde-

**Zweiter Platz: Hinter dem Piloten ist ein zweiter Sitzplatz eingerichtet – entgegen der Flugrichtung.**

**Bewegt eine Rarität: Dieter Gehling restaurierte seine Kruk liebevoll. Heute gilt sie als das einzige fliegende Exemplar dieses Typs in Westeuropa.**

**Stattliche Abmessungen: Mit 14,90 Metern Spannweite und 4,30 Metern Höhe ist die Kruk mit ihrem Vierblattpropeller eine imposante Erscheinung.**

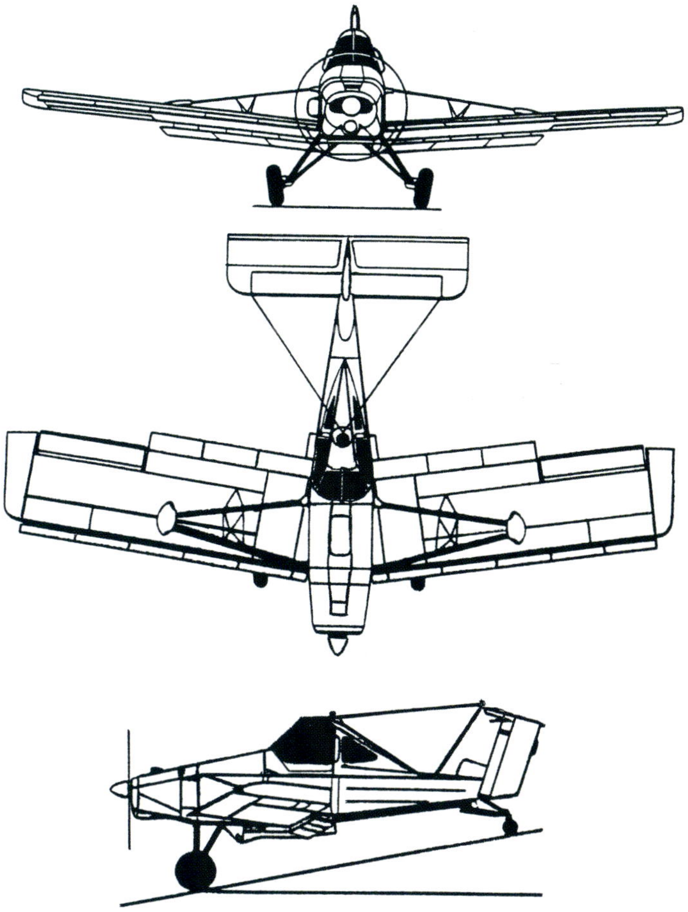

## P.Z.L. 106 AR Kruk

| | |
|---|---|
| **Muster:** | P.Z.L. 106 AR Kruk |
| **Hersteller:** | P.Z.L. Warschau/PL |
| **Antrieb:** | P.Z.L. 3SR-7-Zylinder-Sternmotor |
| **Leistung:** | 441 kW (600 PS) (Startleistung) |
| **Besatzung:** | 2 Mann |
| **Spannweite:** | 14,90 m |
| **Länge:** | 9,50 m |
| **Höhe:** | 4,30 m |
| **Flügelfläche:** | 24,5 $m^2$ |
| **Rüstgewicht:** | 1575 kg |
| **Zuladung:** | 1425 kg |
| **Startgewicht:** | 3000 kg |
| **Flächenbelastung:** | 122,45 $kg/m^2$ |
| **Höchstgeschwindigkeit:** | 208 km/h |
| **Landegeschwindigkeit:** | 80 km/h |
| **Steiggeschwindigkeit:** | 4,2 m/s |
| **Reichweite:** | 450 km |
| **Dienstgipfelhöhe:** | 4500 m |

burg. Freilich ziert die seit 1994 als »D-FOAB« (vormals »DDR-TAB«) zugelassene Kruk nach der Restaurierung auch wieder die ursprüngliche Interflug-Lackierung. »Gerade in den neuen Bundesländern ist das Interesse an der Kruk sehr groß«, verrät Dieter Gehling, doch auch auf den Air-Shows in den alten Bundesländern begeistern Pilot Dieter Gehling und seine Kruk jedes Mal aufs Neue das Publikum. Seine Kruk ist nicht nur das einzig fliegende Exemplar in Deutschland, sondern zudem in Westeuropa überhaupt.

**Einprägsames Flugbild: Die mehrfach abgestrebten Flächen mit ihrem rechteckigen Grundriss sind neben der Rumpfform die Charakteristika der Kruk.**

N1799
R-094

Ryan PT-22A

# GLANZSTÜCK

**Mit seiner Ryan PT-22A aus dem Jahre 1942 gehört Günther Kälberer bei Oldtimer-Treffen und Air-Shows zu den ganz besonderen Gästen, ist seine Maschine doch gleichermaßen attraktiv wie selten. Auf Hochglanz poliert und fein herausgeputzt, erfreut sie als eines von vier weltweit noch flugfähigen Exemplaren die Herzen der Luftfahrt-Fans.**

Weltberühmt wurde der amerikanische Flugzeugbauer Claude Ryan mit seiner Konstruktion der »Spirit of St. Louis«, mit der sein Landsmann Charles Lindbergh einst den Atlantik überquerte. Zwar brachte die unter der Musterbezeichnung NYP (New York - Paris) betriebene Maschine die Luftfahrt aus technischer Sicht nicht gerade gewaltig voran, doch war sie exakt auf ihren Einsatzzweck zugeschnitten, indem sie auf das Grundmuster M-2 vertraute, jedoch mehr Spannweite und eine insgesamt steifere Zelle erhielt. Der Erstflug der NYP fand am 28. April 1927 statt, und bereits am 20. Mai desselben Jahres machte sich Charles Lindbergh mit der Maschine zu seinem Flug nach Paris auf. Rund 34 Stunden nach seinem Start auf dem Roosevelt Field bei New York landete er sicher in Paris und schrieb damit Luftfahrtgeschichte. Kurz vor diesem Ereignis verkaufte Claude Ryan seine Anteile an Frank Mahoney, um den Betrieb seiner ebenfalls 1922 gegründeten *Ryan School of Aeronautics* vor dem Hintergrund der sich abschwächenden Weltwirtschaft zu gewährleisten. Erst 1933, nachdem sich eine deutliche wirtschaftliche Erholung abzeichnete, stieg Ryan wieder in die Flugzeugproduktion ein – und zwar mit seinem neuen Produkt, der Ryan S-T, dem Sports-Trainer.

Vor Ausbruch des Zweiten Weltkrieges beauftragte die amerikanische Regierung Claude Ryan und sein 1922 gegründetes Unternehmen mit der Konzeption eines Schulungsflugzeuges. So entstand der »Pilot Trainer« PT-22 auf der Basis einer Weiterentwicklung des S-T-Modells, den

**Edles Stück: Die Ryan PT-22A gehört zu den ganz besonderen Schmankerln auf Oldtimer-Flugtagen. Der Trainer wurde 1942 gebaut.**

**Auf Wiedersehen in Hilzingen: Hier war Günther Kälberer mit seiner Ryan PT-22A im September 1998 zu Gast.**

das US Army Air Corps von 1940 bis 1943 zur Fortgeschrittenen-Schulung als Vorbereitung der Piloten zum Einsatz auf Jagdflugzeugen wie etwa der North American P-51 Mustang einsetzte.

Den Eintritt in die Fertigung von Militärmaschinen bildete bei Ryan die XPT-16 – eine erstarkte S-T, die als S-T-A produziert wurde –, mit der das Militär erstmals auf einen Eindecker als Trainingsmaschine setzte. Von einem 125 PS starken Mensaco-Motor angetrieben, überzeugte die XPT-16 auf Anhieb. Kein Wunder, dass die amerikanischen Militärs weitere 15 Einheiten dieses Musters orderten, das nun auf die Bezeichnung YPT-16 hörte. Neben Stearman und Vultee wurde Ryan von den amerikanischen Streitkräften zum dritten Hauptlieferanten von Schulungsflugzeugen.

Die Weiterentwicklung der YPT-16 führte über die PT-20 zunächst zur PT-21, die über einen Fünfzylinder-Kinner-Sternmotor vom Typ R-440-1 mit 132 PS Leistung verfügte. Eine Aufrüstung auf den 160 PS starken Kinner-Fünfzylinder führte schließlich zur PT-22.

Entsprechend ihrem Ausbildungszweck zur Vorbereitung auf leistungsstarke Jagdflugzeuge mit Kolbenmotoren legte Ryan die Flugeigenschaften der PT-22 aus. Die Maschine ist voll kunstflugtauglich und weist im Flugbetrieb Eigenschaften auf, die denen leistungsstarker Jagdflugzeuge nicht unähnlich sind.

Die auf diesen Seiten abgebildete PT-22A von Günther Kälberer mit der amerikanischen Registrierung »N-1799« ist eine von 25 Maschinen, die einst von der niederländischen Luftwaffe als Wasserflugzeuge mit Schwimmern zu Ausbildungszwecken geordert wurden. Aufgrund der

**Gut gemischt: Die Leitwerke der Ryan PT-22A sind mit Stoff bespannt.**

**Wunderschönes Flugbild: Grundrisse von Tragflügel und Leitwerk sind charakteristisch für die Maschinen dieser Epoche.**

**Kräftiger Antrieb:** Der Kinner-Fünfzylinder produziert 160 PS und macht die Ryan PT-22A maximal 211 km/h schnell.

**Offenbarung: Das offene Cockpit der Ryan PT-22A lädt gerade bei herrlichem Sommerwetter zu einem ausgedehnten Oldtimer-Flug ein.**

Besetzung der Niederlande durch die Deutsche Wehrmacht kam es im März 1942 jedoch nicht mehr zur Auslieferung dieses Kontingents, und so übernahm das US Army Air Corps alle 25 Flugzeuge.

Günther Kälberers Maschine befindet sich noch heute im Originalzustand und trägt deshalb auch das orangefarbene Dreieck als niederländisches Hoheitszeichen sowie die »R-094«, die für die Auslieferung zugeteilte Überführungsnummer.

Wie viele andere Spornrad-Flugzeuge auch, wird die PT-22A vom hinteren der beiden Pilotensitze aus gesteuert, und die hoch aufragende Cowling behindert beim Rollen gewohntermaßen die Sicht nach vorne. Ein elektrischer Anlasser fehlt bei dem 160 PS starken Kinner-Fünfzylinder-Sternmotor, weshalb er von Hand angelassen werden muss.

Die Fotos für dieses Kapitel entstanden anlässlich des Oldtimer-Treffens in Hilzingen am Bodensee, wo Günther Kälberer und seine PT-22A im September des Jahres 1998 zu Gast waren.

**Rechts:**
**Pflegefall: Die Wartung und vor allem aber auch das Polieren der Aluminium-Beplankung erfordern viel Aufwand.**

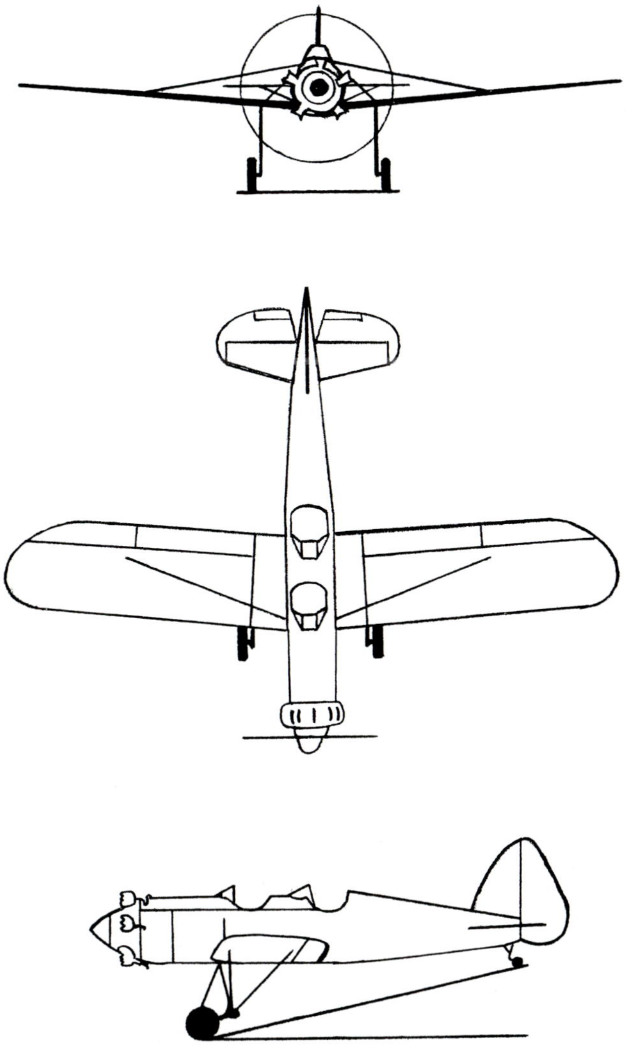

## Ryan PT-22A

| | |
|---|---|
| **Muster:** | PT-22A |
| **Hersteller:** | Ryan Aeronautical Company, San Diego/USA |
| **Antrieb:** | Fünfzylinder-Viertakt-Sternmotor vom Typ Kinner R-540-1 |
| **Leistung:** | 118 kW (160 PS) (Startleistung) |
| **Besatzung:** | 2 Mann |
| **Spannweite:** | 9,17 m |
| **Länge:** | 6,89 m |
| **Höhe:** | 2,19 m |
| **Flügelfläche:** | 12,47 m² |
| **Rüstgewicht:** | 593 kg |
| **Zuladung:** | 251 kg |
| **Startgewicht:** | 844 kg |
| **Flächenbelastung:** | 67,74 kg/m² |
| **Höchstgeschwindigkeit:** | 211 km/h |
| **Landegeschwindigkeit:** | 116 km/h |
| **Steiggeschwindigkeit:** | 4,5 m/s |
| **Reichweite:** | 380 km |
| **Dienstgipfelhöhe:** | 4725 m |

## Zlin 526 Trener Master

# TRENER-STUNDE

H. Schaar-Aalen
D-ELKF
Allianz

Mit der 526 Trener Master kreierte der tschechische Hersteller Zlin in den 60er-Jahren eine nahezu perfekte Allround-Maschine, die sich nicht nur hervorragend für das Kunstflug-Training, sondern auch für den Wettbewerbseinsatz eignete.

Die Geschichte der Zlin 526 Trener-Master reicht eigentlich zurück bis ins Jahr 1948, als der tschechische Hersteller eine Ausschreibung der landeseigenen Luftwaffe mit dem Muster Zlin 26 Trener für sich entschied. War diese Maschine noch in Gemischtbauweise aus Holz und Metall erstellt, so hielt 1953 mit der Zlin 126 Trener II die Ganzmetallbauweise Einzug. Während sowohl die Zlin 26 als auch die 126 noch mit einem 105 PS starken Walter-Minor-Motor vom Typ 4-III bestückt war, verfügte die Zlin 226 bereits über einen 160 PS starken Walter-Minor 6-III mit sechs anstatt vier Zylindern, der deutlich bessere Flugleistungen ermöglichte.

In der Folge entstand 1957 die 326 Trener Master, die quasi eine 226 mit Einziehfahrwerk darstellte. Wie schon zuvor bei der Zlin 226 baute man auch von diesem Muster eine einsitzige Version, die den Beinamen Akrobat bekam und vor allem für den Wettbewerbseinsatz gedacht war. Mit der 1966 eingeführten Zlin 526 Trener Master hielt bei den Zlin-Maschinen jener Bauart schließlich ein Verstellpropeller Einzug, wohingegen der übrige Aufbau des Flugzeugs in weiten Zügen den Vorgänger-Modellen ent-

**Gern gesehener Gast: Paul Erhardt und seine Zlin 526 fliegen regelmäßig zum Hahnweide-Treffen ein.**

**Trainer-typisch: Die beiden hintereinander liegenden Sitze sind charakteristisch für die Zlin sowie eine Vielzahl anderer Trainer.**

sprach. Nach wie vor verfügte sie über einen mit Stoff bespannten Stahlrohrrumpf, der teilweise mit Aluminiumblech beplankt war. Im geschlossenen Cockpit fanden vorne der Passagier sowie auf dem hinteren Sitz der Pilot Platz. Der Tragflügel des Tiefdeckers war mit zwei Holmen aufgebaut und verfügte zudem über Landeklappen, die Landeanflüge mit moderaten Geschwindigkeiten ermöglichten. Das elektrisch einziehbare Hauptfahrwerk zog die beiden Hauptfahrwerksbeine jedoch nur bis zu den Radachsen ein, was die Zelle im Fall einer Not- beziehungsweise Bauchlandung vor größeren Beschädigungen schützen sollte.
In konsequenter Fortsetzung der bisherigen Modellstrategie fertigte Zlin auch von diesem Flugzeug eine einsitzige Akrobat-Version für den Wettbewerbseinsatz. 1968 folgte mit der Zlin 526 F schließlich eine weiterentwickelte Version der 526, die nun über ein 177 PS starkes M-137-Aggregat verfügte, und von der bis Ende 1974 insgesamt 172 Maschinen gebaut wurden. 1969 entstand überdies die Zlin 526 L Trener, die über einen amerikanischen Lycoming-Boxermotor mit 204 PS Leistung verfügte und 1971 in Serie ging.
Abgeschlossen wurde die Trener-Serie schließlich mit der Zlin 726, von der 1973 zwei Prototypen starteten. Aus dieser Konstruktion ging die Zlin 726 K Universal mit nochmals mehr Leistung hervor. Insgesamt stellte die Firma Zlin von der Trener- beziehungsweise Akrobat-Baureihe der Typen 126 bis 726 rund 1500 Einheiten her.
Ein gleichermaßen bekannter wie beliebter Gast auf Oldtimer-Fliegertreffen, Flugschauen und Kunstflugwettbewerben ist seit vielen Jahren Paul Erhardt mit seiner Zlin 526 Trener Master. Der Pilot aus dem schwäbischen Ellwangen hegt und pflegt seine Maschine und unterhält das Publikum mit einem klassischen Kunstflugprogramm. Zu seiner Zlin 526 kam er über Umwege, wie er selbst erzählt: *»Die Begeisterung für diesen Flugzeugtyp wurde in den 60er-Jahren geweckt, als die tschechischen Piloten wie Bezak, Koberle, etc. die Kunstflugszene beherrschten und die meisten Wettbewerbe gewannen. Die ersten Flugvorführungen mit einer Zlin sah ich auf den Flugtagen in Mutlangen mit Vladislav Bezak.*

**Kunstflieger Paul Erhardt: Bei den Deutschen Meisterschaften im Motorkunstflug startete er 2000 mit seiner Zlin.**

*1976 kaufte mein Verein, der LSR Aalen, die ehemals von Herbert Greb und Richard Hecht geflogene Z 226 (D-EJGO), die, durch Ersatzteilmangel bedingt, oft nicht flugklar war. 1978 übernahm ich dieses Flugzeug mit zwei weiteren Vereinsmitgliedern und flog es bis 1985. Dann verkauften wir sie nach England.*

*1981 bot sich die Gelegenheit, eine durch einen missglückten Start beschädigte Z 526 mit wenig Flugstunden zu erwerben. Diese Zlin lag bis dahin sieben Jahre demontiert in einer Garage bei Köln. Propeller nebst Motor waren unbrauchbar, doch durch mittlerweile gute Beziehungen zum Herstellerwerk in Zlin, damals noch Gottwaldow, gelang es mir, die fehlenden Teile zu erwerben und die D-ELKF in fünfjähriger Arbeit wieder aufzubauen. Den zerstörten Walter-Minor-Motor habe ich dabei durch einen AVIA 137 A mit 180 PS ersetzt. Bei den Umbauarbeiten konnte ich feststellen, dass das Rumpfgerüst bereits für diesen Motor vorbereitet und entsprechend verstärkt war. Aus der Z 526 ist damit also eine Z 526 F geworden, ohne dass die zulässigen Lastvielfachen von +6/-3 g reduziert werden mussten.*

*Was mir an den Zlin-Flugzeugen so gut gefällt, ist ihr Erscheinungsbild und die ausgewogenen Flugeigenschaften. Ich benutze meine Zlin für den Kunstflug und freue mich, wenn ich dem Publikum das schöne Flugbild bei Vorführungen zeigen kann.«*

Wer angesichts der mittlerweile fast 40 Jahre alten Konstruktion dabei annehmen würde, dass die Hoch-Zeit der 526 Trener Master längst vorbei ist, wird von Paul Erhardt immer wieder angenehm enttäuscht. Nicht nur, dass er das Potenzial der 526 mit seinem exzellent geflogenen Programm auf Flugschauen eindrucksvoll aufzeigt. Immer wieder, zuletzt im Jahr 2000, beweist er, dass die betagte Konstruktion, von kundiger Hand bewegt, auch heute noch bei Wettbewerben konkurrenzfähig ist. Bei den deutschen Meisterschaften im Motor-Kunstflug 2000 schlug so manchem Rivalen die Trener-Stunde, als Paul Erhardt in der Intermediate-Klasse den dritten Rang belegte – und damit so moderne Maschinen wie etwa eine Extra 200 auf die hinteren Plätze verwies.

**Bitte wenden: Trotz 665 Kilogramm Rüstgewicht lässt sich die Zlin 526 am Boden noch akzeptabel manövrieren. Mit ausgeschöpfter Zuladung beträgt das maximale Abfluggewicht indes 975 Kilogramm.**

**Modifiziert: Anstelle des ursprünglich eingebauten Walter-Minor-6-III-Motors wird diese Zlin 526 von einem AVIA 137A angetrieben.**

**Nach wie vor aktuell: Mit der Zlin 526 beweist Paul Erhardt auch in unseren Tagen, dass das technische Konzept noch für den Wettbewerbskunstflug taugt. Auch auf der Hahnweide fliegt er ein anspruchsvolles Programm.**

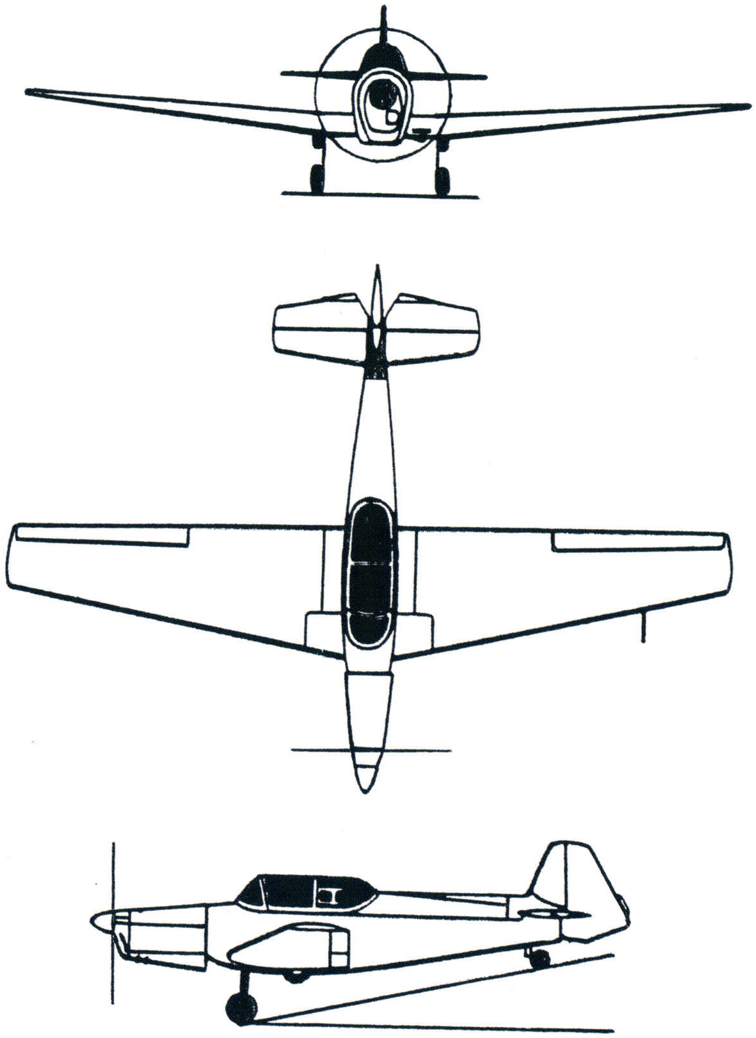

## Zlin 526 Trener

| | |
|---|---|
| **Muster:** | 526 Trener |
| **Hersteller:** | Zlin/Tschechoslowakei |
| **Antrieb:** | Sechszylinder-Viertakt-Reihenmotor vom Typ Walter-Minor 6-III (AVIA 137A) |
| **Leistung:** | 120/132 kW (163/180 PS) |
| **Besatzung:** | 2 Mann |
| **Spannweite:** | 10,60 m |
| **Länge:** | 8,00 m |
| **Höhe:** | 2,10 m |
| **Flügelfläche:** | 15,50 $m^2$ |
| **Rüstgewicht:** | 665 kg |
| **Zuladung:** | 310 kg |
| **Startgewicht:** | 975 kg |
| **Flächenbelastung:** | 42,90 $kg/m^2$ |
| **Höchstgeschwindigkeit:** | 248 km/h |
| **Landegeschwindigkeit:** | 116 km/h |
| **Steiggeschwindigkeit:** | 6,0 m/s |
| **Reichweite:** | 560 km |
| **Dienstgipfelhöhe:** | 5800 m |

**Aufgepasst: Sowohl beim Start als auch bei der Landung erfordert die Zlin 526 als Spornrad-Flugzeug viel Aufmerksamkeit.**

# Bibliographie

Bei der Recherche zu diesem Buch waren neben Interviews mit Haltern und Piloten folgende Buchtitel, Zeitschriften- und Internet-Beiträge sowie persönliche Aufzeichnungen hilfreich:

**Bender, Gert (2001)** Bücker 131 Jungmann, unveröffentlichtes Manuskript, Deutschland, 2001

**Carpenter, Dorr B. (o. Jg.)** *Ryan Sport Trainer*, USA, o. Verlag, o. J g.

**Cohausz, Peter W. (1998)** *Deutsche Flugzeuge bis 1945*, Aviatic Verlag GmbH, Oberhaching, Deutschland, 1998

**Dallach, Wolfgang (2001)** *Diabolo*, unveröffentlichtes Manuskript, Deutschland, 2001

**Davies, David (1992)** *Antique & Classique Wings*, Osprey Publishing Limited, London, England, 1992

**Euchner, Michael/Braun, Holger (2000)** *De Havilland D.H. 104-7 XC »Dove«, D-IFSA*, Firmenschrift der Braun-Euchner Flugbetrieb GbR, Deutschland, 2000

**Gaßebner, Jürgen (1998)** *Die schönsten Oldtimer-Flugzeuge*, Motorbuch Verlag Stuttgart, Stuttgart, 1998

**Gehling. Dieter (o. Jg.)** *P.Z.L. 106 AR Kruk*, unveröffentlichtes Manuskript, Deutschland, o. Jg.

**Grünenfelder, Michael /Francillon, René J. (2001)** *Enduring Tug*, Air Enthusiast, England, 2001

**Gunston, Bill (1991)** *Lexikon der Flugzeug-Triebwerke*, Motorbuch Verlag Stuttgart, Stuttgart, Deutschland, 1991

**Kälberer, Günther (1999)** *Ryan PT-22A*, unveröffentlichtes Manuskript, Deutschland 1999

**Kopenhagen, Wilfried (1990)** *Das große Flugzeug Typenbuch*, Motorbuch Verlag Stuttgart, Stuttgart, Deutschland, 1990

**Kurz, Josef (2001)** *Me 163 B*, unveröffentlichtes Manuskript, Deutschland 2001

**Marzina, Klaus (2001)** *Do C-3605 Altenrhein*, unveröffentlichtes Manuskript, Deutschland, 2001

**Mayborn, Mitch (o. Jg.)** *The Ryan PT/ST Series*, USA, o. Verlag, o. Jg.

**Munson, Kenneth (1995)** *Die Weltkrieg II-Flugzeuge*, Motorbuch Verlag Stuttgart, Stuttgart, Deutschland, 1995

**Niccolli, Riccardo (1998)** *Flugzeuge*, Neuer Kaiser Verlag, Klagenfurt, Österreich, 1998

**N.N. (2001)** *C-3605, D-FOXY*, in Aircraft, England, 2001

**N.N. (1997)** *Flugzeugtypen der Welt*, Bechtermünz Verlag, Augsburg, Deutschland, 1997

**Röllin, Emil (2001)** *Cessna 170*, unveröffentlichtes Manuskript, Freienwil, Schweiz, 2001

**Schell, Ulrich (2001)** *Pitts S-1S*, unveröffentlichtes Manuskript, Deutschland, 2001

**Schüttoff, Thomas (2001)** *Luscombe 8F*, unveröffentlichtes Manuskript, Deutschland, 2001

**Stein, Paul (2000)** *Klemm KL 35-160*, unveröffentlichtes Manuskript, Deutschland, 2001

**Stolzke, Heiko (2000)** *Auferstanden aus Ruinen*, in aerokurier 9/2000, S. 150 ff, Bonn, Deutschland, 2000

**Thomalla, Volker (1991)** *Die Geschichte der klassischen Piper-Flugzeuge – Piper Cub/Super Cub*, Aviatic Verlag Peter Pletschacher, Planegg 1991

**Tissi, Benno (2001)** *Leopard Moth*, unveröffentlichtes Manuskript, Schweiz, 2001

**Weinem, Klaus (2001)** *Great Lakes*, unveröffentlichtes Manuskript, Deutschland, 2001

**Wolf Hirth GmbH (1968)** *Klemm KL 35 D-160*, unveröffentlichtes Manuskript, Deutschland, 1968

**Wurster, Rolf (1994)** *Deutsche Motorflugzeuge*, Motorbuch Verlag Stuttgart, Deutschland, 1994

**www.apostar.de (2001)** *Bölkow Junior*, Deutschland, 2001

**www.Jiop.fi/ksimuseo/p_u2.html (2001)** *Polikarpov U-2*, Deutschland, 2001

Abenteuer
Luftfahrt
monatlich
neu
am Kiosk
FLIGHTLINE: AIRBUS-ERFOLGSMODELL A320 IM DETAIL
08 00
AUGUST 2000 DM 8,-
E 2881 E
FLUG REVUE
mit LUFTWAFFEN-FORUM
Nr. 1 seit 1956*
RAUMSTATION
Shuttle-Mission sichert Betrieb
Im Einsatz bei den Marines
Super Stallion: Amerikas größter Hubschrauber
HISTORIE
Die legendäre F4U Corsair
Flugzeuge, Verträge und Rekorde
Grosser Bericht
ILA 2000
NH90: Bau genehmigt
F-117: Deutschland-Debüt
Mega-Order für Dornier
mit Super-Gewinnspiel !!!
FLUG REVUE zeigt Ihnen monatlich die ganze Welt der Militär- und Zivil- Luftfahrt mit den Top-News, aktuellen Hintergrundberichten und Reportagen über Raumfahrt, Luftfahrt-Wirtschaft und Technik. Dazu Portraits legendärer historischer Flugzeuge plus Tipps und Infos für Modellbauer.
http://www.flug-revue.rotor.com
Europas große Luft- und Raumfahrt-Zeitschrift
Sparen Sie beim FLUG REVUE-Abo – gleich bestellen beim
FLUG REVUE Abo-Service, Postfach 103455, 70029 Stuttgart
Tel. 0711/182-2576, Fax 0711/182-2550
E-Mail abo-service@motor-presse-stuttgart.de